Café Lisette

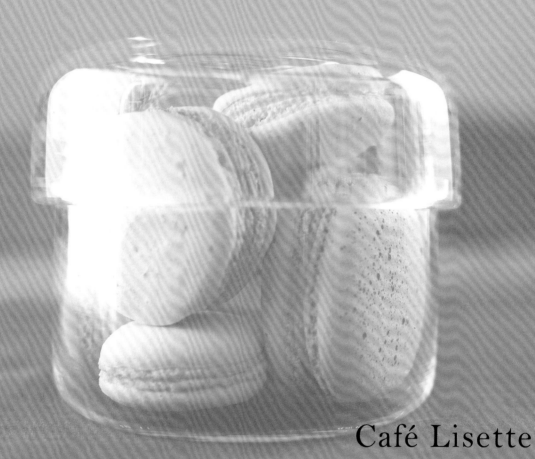

Café Lisette

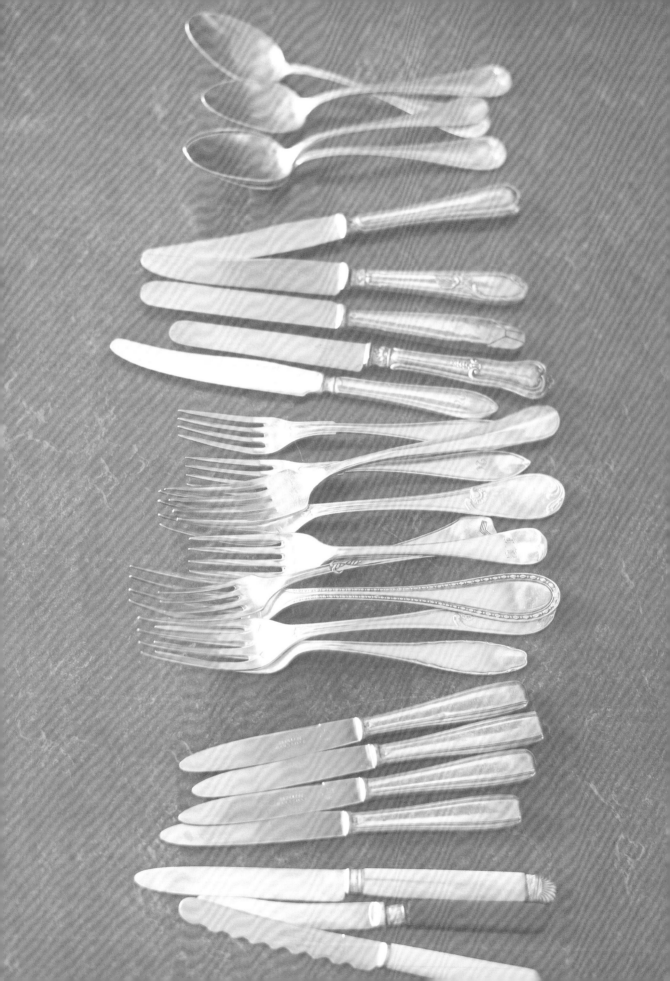

Café Lisette
經典甜點手札

邂逅最美味の洋菓子

鶴見 昂　著

序

　　我第一次作甜點是讀小學的時候。貪吃的我想利用家裡的食材來作點什麼，於是將砂糖、麵粉和奶油放入調理盆裡混合搓揉，再放進烤箱中加熱幾分鐘。烤好的圓形成品乾巴巴的，一點都不好吃。後來才發現我拿來當麵粉用的東西其實是蛋白粉！

　　雖然當時我只是個孩子，卻發現了手工烘焙的樂趣，這也是讓我能持續不斷嘗試烘焙的契機之一。

　　本書中收錄了許多我喜愛的甜點。不僅希望顧客能造訪敝店，品嚐我親手製作的甜點，也希望閱讀本書的您能開開心心地製作我認為好吃的甜點。

　　法式司康、磅蛋糕、熱內亞麵包和甜塔……基本的甜點皆詳細說明製作步驟，並提出我個人的私房祕訣。

　　書中所載食譜雖然只是眾多甜點中的一小部分。但依本書步驟實際操作時，可自由地加入喜歡的食材或省去不喜的食材，發揮創意變化出自己最喜歡的味道、口感、顏色和形狀，我會為此感到非常榮幸。

　　烘焙出自己喜愛或能與親朋好友分享的甜點，我想那就是最美好的味道。

　　希望本書能助您樂於手作烘焙，且能找到屬於您獨一無二的美味。

目錄

序 —— 3

Café Lisette的洋菓子 —— 7

法式司康 —— 8
Biscuit croquant
香草法式司康 —— 10
Biscuit croquant à la vanille
紅玉蘋果焦糖法式司康 —— 12
Biscuit croquant aux pommes et au caramel

磅蛋糕 —— 14
Quatre-quarts
檸檬磅蛋糕 —— 16
Quatre-quarts au citron
威士忌柑橘醬磅蛋糕 —— 18
Quatre-quarts à la marmelade d'orange au whisky
桃子紅醋栗磅蛋糕 —— 20
Quatre-quarts aux pêches et aux groseilles

熱內亞麵包 —— 22
Pain de Gênes
熱內亞麵包 —— 24
Pain de Gênes
瑪黛茶香草慕斯 —— 26
Mousse au thé maté et à la vanille

甜塔 —— 28
Tarte
塔皮1 油酥塔皮 —— 30
Pâte brisée
塔皮2 甜酥塔皮 —— 31
Pâte sucrée

巧克力塔 —— 32
Tarte au chocolat
杏桃杏仁塔 —— 33
Tarte aux abricots et aux amandes
水果塔 —— 34
Tarte aux fruits
鹹塔 —— 36
Tarte salée

烘焙研究室 —— 39

薑味糖漿 —— 41
Sirop de gingembre
嫩薑糖漿 —— 42
Nouveau sirop de gingembre
聖誕薑味糖漿 —— 42
Sirop de gingembre de Noël
萬用薑味糖漿 —— 43

巴斯克蛋糕 —— 44
Gâteau Basque
巴斯克蛋糕 —— 46
Gâteau Basque
酒漬葡萄乾巴斯克蛋糕 —— 48
Gâteau au rhum et aux raisins

乾花色小甜點 —— 54
Petits fours secs
茴芹乾花色小甜點 —— 56
Petit four à l'anis
堅果脆餅 —— 56
Leckerlis
核桃咖啡擠花餅乾 —— 57
Spritz au café et aux noix
蜂蜜餅乾 —— 57
Nids de guêpes
柳橙&法國茴香酒的方塊餅 —— 58
Carré à l'orange
焦糖餅乾 —— 59
Speculoos
南特酥餅 —— 60
Sablé nantais
果醬眼鏡酥餅 —— 61
Sablé lunettes

想天天品嚐的甜點 —— 63
圓石餅 —— 64
Pebble
藍起士酥餅 —— 66
Sablé au fromage bleu(Pebble)
焦糖夏威夷堅果 —— 66
Noix de Macadamia caramélisées(Pebble)
香草酥餅 —— 67
Sablé diamant (Pebble)
蘋果酒 —— 67
Cidre chaud

麥片 —— 68
Muesli

　巧克力麥片 —— 69
　Muesli au chocolat

　香料麥片 —— 70
　Muesli au pain d'épice

　麥片的百變吃法 —— 71

刀子・叉子・湯匙 —— 73

蛋白霜 —— 74
Meringue

　蛋白霜 —— 76
　Meringue

　鳳梨香緹蛋白霜 —— 78
　Meringue de chantilly aux ananas

　瑞士蒙多瓦雜醋起士蛋白霜蛋糕 —— 80
　Vacherin

馬卡龍 —— 82
Macaron

　香草馬卡龍 —— 84
　Macaron à la vanille

　栗子野玫瑰果馬卡龍 —— 86
　Macaron au marron et à l'églantine

　開心果櫻桃馬卡龍蛋糕 —— 88
　Gâteau macaron à la pistache et aux cerises

　桃子甜點杯 —— 90
　Coupe de pêches

歡迎光臨 Café Lisett —— 93

奶油圓蛋糕 —— 96
Kouglof

　甜奶油圓蛋糕 —— 98
　Kouglof sucré

　鹹奶油圓蛋糕 —— 100
　Kouglof salé

　奶油圓蛋糕薄片 —— 102
　Kouglof grillé

　香料奶茶 —— 102
　Thé aux épices

　法式吐司 —— 104
　Pain perdu

　熱巧克力 —— 104
　Chocolat chaud

果醬 —— 106
Confiture

　大黃香草果醬 —— 108
　Confiture de rhubarbe à la vanille

　野玫瑰果茉莉花果醬 —— 109
　Confiture d'églantine au jasmin

　威士忌柑橘醬 —— 109
　Marmelade d'orange au whisky

　法國茴香酒黑醋栗果凍 —— 110
　Gelée au cassis et au pastis

　果醬 —— 111

　　奶油圓蛋糕&黑醋栗美乃滋總匯三明治
　　威士忌柑橘醬胡蘿蔔沙拉
　　黑醋栗柑橘醬×煎里肌

　栗子甜點杯 —— 112
　Coupe aux marrons

派對甜點 —— 114

Café Lisette的食材 —— 120
Café Lisette的工具 —— 122
甜點術語集 —— 124

結語 —— 126

注意事項
◎ 除了特別說明之外，奶油皆使用無鹽奶油。蛋採中型大小（一顆50至55公克）。烘焙點心時，建議使用味道較佳的無鹽發酵奶油。沒有無鹽發酵奶油，使用無鹽奶油亦可。
◎ 手粉是指避免麵團沾黏雙手或工作檯所撒的麵粉，多半為高筋麵粉。
◎ 食譜中出現的術語請參考P.124－P.125的甜點術語集。

Café Lisette 的洋菓子

「想要作什麼甜點呢？」
試作Café Lisette的甜點時，我會思考三件事──

　　第一，是看到甜點的瞬間，會浮現彷彿在遠方旅行時看到的浪漫風景意象。

　　第二，是入口後不會覺得味道過於濃烈，而是充滿懷舊溫暖的感覺，令人想要一嚐再嚐。

　　第三，是改變麵粉、油脂、砂糖和水分的比例，並適宜地調整形狀與烘焙的時間，使成品更臻完美。這也是製作甜點最棒的樂趣。

　　雖然我想嘗試各式各樣的食材，但是比起組合多種食材，探究食材本身的味道也很重要。我希望能創作出會讓大家心想：「下一次會推出什麼樣的甜點呢？我好想再吃一次那時候吃的甜點。」的洋菓子。

Biscuit croquant à la vani

法式司康

法式司康是Café Lisette的招牌甜點。

製作時加入大量的奶油、麵粉和蛋，可說是較為華麗的司康。Croquant的法文意思是「脆脆的口感」，法式司康恰如法文原名，是一款著重口感的司康。

香草法式司康
Biscuit croquant à la vanille

Café Lisette經典司康

材料（直徑5cm的司康12至13個） ※蛋奶素

A
{
低筋麵粉 —— 500g
全麥麵粉 —— 40g
泡打粉 —— 5g
砂糖 —— 50g
香草糖（→P.120） —— 10g
鹽 —— 7g
}

發酵奶油 —— 110g

牛奶 —— 150g
蛋 —— 1顆
增添光澤的蛋液 —— 適量
手粉（高筋麵粉） —— 適量

準備
· 奶油切成1cm方塊，低溫冷藏。
· 打好的蛋液與牛奶攪拌均勻。
· 所有的粉類皆過篩後使用。
· 烤箱預熱至200℃。

小記
· 材料必須低溫冷藏（尤其在炎熱的夏天）。
· 麵團不要揉太久，留著一點麵粉的狀態進行折疊。可以將司康
  烤得層層疊疊，膨脹狀態也比較好。
· 通常法式司康都是搭配德文郡奶油或果醬食用，本店則是搭配
  重乳脂鮮奶油。
· 增添光澤的蛋液為1顆蛋黃、1撮鹽與10cc水混合而成。

作法

①

調理盆中放入材料A，稍微攪拌後放入冷藏過的奶油，以指尖搓揉混合。

②

將步驟①的材料搓揉成米粒狀大小後，加入蛋液與牛奶。

③

手心由調理盆底部捧起麵團，讓水分流過麵團後，不揉麵，以摺疊麵團的方式成型。

④

麵團放在作業檯上，撒上手粉（高筋麵粉）後，以擀麵棍擀成3cm厚，以切模壓出圓形。

⑤

脫模後擺在烤盤上，表面塗抹增添光澤的蛋液，以200℃烘烤15分鐘，直至麵團膨脹且整體呈金黃色。

Biscuit croquant aux pommes et au caramel

紅玉蘋果焦糖法式司康

Biscuit croquant aux pommes et au caramel

混合多種材料

材料（6cm×7.5cm的司康15至16個）　※蛋奶素

A
- 低筋麵粉 —— 500g
- 全麥麵粉 —— 40g
- 泡打粉 —— 5g
- 砂糖 —— 38g
- 香草糖 —— 20g
- 鹽 —— 7g

發酵奶油 —— 110g
牛奶 —— 100g
蛋 —— 1顆

增添光澤的蛋液（→P.10）—— 適量

伯爵茶口味的焦糖
- 伯爵茶（茶葉）—— 5g
- 鮮奶油（乳脂含量42%）—— 50g
- 砂糖 —— 43g
- 麥芽糖 —— 25g

紅玉蘋果 —— 1顆
奶油 —— 10g
紅糖 —— 20g
香草莢 —— ½根

準備
· 奶油切成1cm方塊，低溫冷藏。
· 所有的粉類皆過篩後使用。
· 打好的蛋液與牛奶攪拌均勻。
· 剖開香草莢，取出香草籽。
· 烤箱預熱至200℃。

作法

① 製作伯爵茶口味的焦糖。鍋子中放入鮮奶油與伯爵茶，加熱至沸騰後熄火，蓋上蓋子燜5分鐘。

② 過濾步驟①，移至另一個鍋子裡，加入砂糖和麥芽糖。以中火加熱至145℃熬煮。

③ 將步驟②的焦糖薄薄地鋪在烘焙紙上，放入冰箱冷藏。凝固後放入塑膠袋，以擀麵棍敲碎成約5mm的塊狀。

④ 紅玉蘋果剝皮去核，切成2mm厚的扇形。

⑤ 奶油放入鍋中加熱融化，再放入紅玉蘋果、紅糖和香草子，加熱至紅玉蘋果變軟，呈半透明狀後，移至托盤稍微冷卻。

⑥ 材料A放入調理盆稍微攪拌後，放入冷藏過的奶油，以指尖搓揉混合。直至奶油變成米粒大小，加入步驟③的焦糖和步驟⑤的紅玉蘋果稍微攪拌。

⑦ 加入拌好的蛋液與牛奶，由調理盆底部捧起麵團摺疊，讓水分流過麵團整體。但不要進行揉麵。

⑧ 麵團成型後，把麵團移至作業檯，撒上手粉，以擀麵棍擀成3cm厚，以切模壓出形狀。

⑨ 脫模後，表面塗抹增添光澤的蛋液，放入烤箱以200℃烘烤20分鐘。

小記
· 紅玉蘋果可以較硬的洋梨代替，洋梨也很適合搭配焦糖喔！
· 紅茶也可依喜好將伯爵茶替換成烏瓦紅茶或正山小種紅茶，品味不同茶種的香氣。

Quatre-quarts au citron

Quatre-quarts

磅蛋糕

Quatre-quarts在法文中意指「四個四分之一」，同時
也有奶油、砂糖、蛋和麵粉的份量各占整體四分之一的意
思。磅蛋糕為烘焙的基礎甜點，除了蛋糕體的製作之外，思
考如何加入堅果、水果乾……創作出各種不同的口味也是磅
蛋糕值得玩味之處。

檸檬磅蛋糕
Quatre-quarts au citron

酸酸甜甜的檸檬風味

材料（25cm×8cm的蛋糕1個）　※蛋奶素

發酵奶油 —— 200g

鹽 —— 1撮

A $\begin{cases} 低筋麵粉 —— 200g \\ 泡打粉 —— 3g \end{cases}$

B $\begin{cases} 糖粉 —— 200g \\ 香草糖 —— 3g \\ 檸檬皮屑 —— 1/2顆檸檬量 \end{cases}$

蛋 —— 4顆

檸檬汁 —— 30cc

糖衣*
$\begin{cases} 粉糖 —— 200g \\ 檸檬汁 —— 55cc \end{cases}$

準備

・奶油置於室溫下軟化。

・蛋糕模塗抹奶油（份量外）和撒上高筋麵粉（份量外）備用。

・材料A先行一同過篩備用。

・烤箱預熱至180℃。

小記

・奶油、砂糖、麵粉和蛋份量相同。

・檸檬可以其他柑橘類水果替代。

・檸檬皮屑是以刨絲器刨檸檬皮而成。

作法

①

將奶油與鹽放入調理盆中，以打蛋器攪拌至光滑，再加入材料B攪拌混合至材料變白蓬鬆。

②

蛋液分3至4次加入步驟①，每次加入蛋液都必須攪拌至材料變得光滑，以避免材料分離。

③

過篩的材料A分2至3次加入，以橡膠刮刀進行切拌。攪拌至看不出粉的形狀，麵糊整體散發光澤。

④

步驟③的麵糊加入檸檬汁，大略攪拌混合。

⑤

準備好的烤模倒入步驟④的麵糊，輕敲烤模底部排除空氣後，放入烤箱以180℃烘烤40分鐘。烤到10分鐘時表面如果出現薄膜，以刀子在中間劃出缺口。刀子刺磅蛋糕中心不會沾黏麵糊，即表示完成。

⑥

烤好後脫模，放在蛋糕冷卻架上稍微冷卻。

⑦

磅蛋糕乾燥後，混合糖霜的材料，將磅蛋糕整體塗抹上糖霜，放入烤箱以200℃加熱約30秒烘乾。

Quatre-quarts à la marmelade d'orange au whisky

威士忌柑橘醬磅蛋糕

Quatre-quarts à la marmelade d'orange au whisky

特色為糖漿帶來的濃郁口感

材料（18×8cm的蛋糕模2個） ※蛋奶素

A {
低筋麵粉 ——— 150g
杏仁粉 ——— 80g
泡打粉 ——— 3g
}

發酵奶油 ——— 200g
鹽 ——— 1撮

B {
糖粉 ——— 200g
香草莢 ——— 3g
}

蛋 ——— 4顆
威士忌柑橘醬（P.109） ——— 200g
糖漿 ——— 依下述的份量製作

準備
・奶油置於室溫下軟化。
・蛋糕模塗抹奶油（份量外）和撒上高筋麵粉（份量外）備用。
・材料A一同過篩備用。
・烤箱預熱至180℃。
・製作威士忌糖漿。鍋子中放入10g水和15g砂糖煮沸，待砂糖溶化後稍稍放置冷卻，再加入25g威士忌與50g柑橘威士忌醬混合。

作法

① 調理盆放入奶油與鹽，以打蛋器攪拌至光滑後，加入材料B攪拌混合至材料變白蓬鬆。

② 蛋液分3至4次加入步驟①，每次加入蛋液都必須攪拌至材料變得光滑，以免分離。

③ 過篩的材料A分2至3次加入步驟②，以橡膠刮刀進行切拌。

④ 加入威士忌柑橘醬，大略攪拌混合，無須徹底攪拌。

⑤ 準備好的烤模倒入步驟④的麵糊，輕敲烤模底部排除空氣後，放入烤箱以180℃烘烤40分鐘。刀子刺磅蛋糕中心不會沾黏麵糊，即表示完成。

⑥ 趁熱塗抹準備好的糖漿後，脫模放在保鮮膜上。

⑦ 側面與底部也一併塗上糖漿，以保鮮膜包緊後稍微冷卻。

小記
・出爐後趁熱塗抹糖漿和包保鮮膜，可以使磅蛋糕更加濕潤。
・糖漿的威士忌最好和威士忌柑橘醬所使用的威士忌相同。

20

Quatre-quarts aux pêches et aux groseilles

桃子紅醋栗磅蛋糕

Quatre-quarts aux pêches et aux groseilles

杏仁膏與果凍為口感帶來變化

材料（25×8cm的蛋糕1個） ※蛋奶素

發酵奶油 ——— 200g
鹽 ——— 1撮
A {
　低筋麵粉 ——— 30g
　玉米粉 ——— 120g
　杏仁粉 ——— 70g
　泡打粉 ——— 3g
}

糖粉 ——— 200g
香草莢 ——— 3g
蛋 ——— 4顆

桃子杏仁膏
{
　杏仁膏* ——— 100g
　糖煮桃子 ——— 80g
　桃子利口酒* ——— 15g
}

糖衣*
{
　糖粉 ——— 100g
　桃子利口酒 ——— 20g
　水 ——— 15cc
}

紅醋栗果凍 ——— 適量

準備
· 奶油置於室溫下軟化。
· 蛋糕模塗抹奶油（份量外）和撒上高筋麵粉（份量外）備用。
· 材料A一同過篩備用。
· 桃子果醬瀝乾桃子，切成7mm的方塊，以桃子利口酒醃漬。
· 烤箱預熱至180℃。

作法

① 作法同檸檬磅蛋糕（→P.16）的步驟①至③。在調理盆放入奶油與鹽，以打蛋器攪拌至光滑後，依序加入糖粉、香草糖與蛋液。每次加入材料，都必須攪拌至材料變得光滑。攪拌好之後加入材料A，以橡膠刮刀進行切拌。

② 將糖煮桃子加入步驟①後，進行切拌。

③ 將步驟 的麵糊倒入準備好的烤模，輕敲烤模底部排除空氣後，放入烤箱以180℃烘烤約50分鐘。刀子刺磅蛋糕中心不會沾黏麵糊，即表示完成。

④ 烤好後脫模，放在蛋糕冷卻架上稍微冷卻。

⑤ 製作桃子杏仁膏。食物調理器放入杏仁膏和糖煮桃子，攪拌至光滑的泥狀後，一邊加入桃子利口酒一邊攪拌，調整至容易塗抹的濃稠度。

⑥ 將步驟④的磅蛋糕橫切成三片相同厚度，依序在最下面的磅蛋糕上塗抹步驟⑤的杏仁膏（半量）和紅醋栗果凍，放上中層的磅蛋糕後，塗抹杏仁膏與紅醋栗果凍，最後放上第三片磅蛋糕。

⑦ 紅醋栗果凍加熱至沸騰，除了步驟⑥成品的底部之外，全部以毛刷塗滿大量果凍。塗好後，放在蛋糕冷卻架上，晾乾至以手摸不會沾黏果凍的程度。

⑧ 混合糖霜的材料塗抹步驟⑦成品的表面，以200℃的烤箱加熱約30秒烘乾。根據喜好以月桂葉或糖煮桃子裝飾。

· 製作糖煮桃子。在鍋子中放入300g桃子果醬、200g水、100g砂糖、1/2根香草莢與1片月桂葉加熱。沸騰後調整火力，維持表面冒出小泡泡的程度，熬煮約5分鐘後，放置冷卻。（以上為容易製作的份量）
* 紅醋栗果凍是將黑醋栗果凍（→P.110）的黑醋栗換成紅醋栗和省略法國茴香酒所製作而成。

Pain de Gênes

22

熱內亞麵包

熱內亞麵包是使用杏仁作成的蛋糕，質地細緻。

據說是當初法軍攻佔熱內亞時，為了慶祝勝利而作出了熱內亞麵包。

點心作法簡單，卻是一道具備杏仁風味、香醇和口感濕潤的傳統法式甜點。

熱內亞麵包
Pain de Gênes

富含杏仁味道的傳統點心

材料（直徑21cm的中空圈1個） ※蛋奶素

生杏仁膏* ——— 400g
蛋 ——— 5顆
A ⎰ 低筋麵粉 ——— 40g
  ⎱ 玉米澱粉 ——— 40g
  ⎱ 泡打粉 ——— 3g

發酵奶油 ——— 110g
杏仁利口酒 ——— 15g
杏仁片 ——— 適量

杏桃果醬 ——— 適量

糖衣*
⎰ 糖粉 ——— 200g
⎱ 杏仁利口酒 ——— 20cc
⎱ 水 ——— 30cc

準備
· 烤箱鋪上烘焙紙，放上圓形烤模，內側
  塗抹奶油，貼上杏仁片備用。

· 發酵奶油隔水加熱軟化。
· 材料A一同過篩備用。
· 烤箱預熱至180℃。

作法

①

將生杏仁膏放入調理盆，以木杓攪拌至柔軟。緩緩加入蛋液，再以打蛋器攪拌均勻。

②

步驟①的調理盆隔水加熱。以打蛋器一邊攪拌，一邊加熱至比肌膚溫度稍微高的溫度。以手持攪拌器攪拌，直至材料如同緞帶般垂下。

③

過篩的材料A分成3至4次加入步驟②中，每次加入都以橡膠刮刀攪拌至看不到粉的狀態。

④

取另一個調理盆，放入融化的奶油。將步驟③緩緩加入融化的奶油中，和奶油融為一體（乳化）後，放回步驟③的調理盆攪拌混合。攪拌至約八成均勻時，加入杏仁利口酒繼續攪拌。從底部輕輕舉起般大略攪拌，以免破壞氣泡。

⑤

準備好的烤模倒入步驟④的麵糊，輕敲烤模底部排除多餘的空氣後，放入烤箱以180℃烘烤1小時。

⑥

烤好後脫模，放在蛋糕冷卻架上稍微冷卻。趁熱塗抹杏桃果醬。

25

⑦

果醬乾燥後，混合糖霜的材料，塗抹熱內亞蛋糕整體，放入烤箱以200℃加熱約30秒烘乾。

小記
・出爐後放上幾天，會更加濕潤美味。
・加入融化的奶油之後，不要攪拌過度，以免破壞氣泡。

26

Mousse au thé maté et à la vanille

瑪黛茶與香草的慕斯蛋糕

Mousse au thé maté et à la vanille

利用熱內亞麵包作成的甜點

材料（直徑23cm×高度5cm的容器1個）　※非素

瑪黛茶與香草的慕斯

- 義式蛋白霜（→P.76）—— 225g
- 鮮奶油（乳脂含量42%）—— 450cc
- 水 —— 180cc
- 瑪黛茶* —— 28g
- 香草莢 —— 2根
- 吉利丁 —— 8g

熱內亞麵包（→P.24）—— 1台
（烘焙時不貼杏仁的熱內亞麵包）

糖漿

- 水 —— 270cc
- 砂糖 —— 45g
- 瑪黛茶 —— 8g

覆盆子 —— 適量

準備

・依照商品說明泡開吉利丁。

作法

①製作糖漿。小鍋子中放入水、砂糖和瑪黛茶，加熱至沸騰後蓋上蓋子燜5分鐘。燜好後過濾，鍋子放入冰水中稍微冷卻。

②熱內亞蛋糕薄薄削去上方燒烤的痕跡，剩餘的部分切成厚度均等的3片。

③製作慕斯。鮮奶油打發至拉起蛋白霜時會立起的程度。

④小鍋子中放入水、瑪黛茶和剖半的香草莢，加熱至沸騰後熄火，蓋上蓋子燜5分鐘。

⑤趁熱在步驟④中加入吉利丁，溶化後稍微冷卻。

⑥步驟⑤中加入義式蛋白霜，以打蛋器攪拌。大略攪拌後加入步驟③的鮮奶油，換成橡膠刮刀迅速攪拌。

⑦容器內鋪上一片熱內亞麵包，以毛刷抹上大量的糖漿後，放入步驟⑥的慕絲（⅓的份量）並抹平。重複上述動作兩次後抹平表面，將蛋糕放進冰箱冷凍2至3小時待其凝固。最後根據喜好，調整裝飾的覆盆子數量。

小記

・瑪黛茶略帶苦澀，使得餘韻清爽；慕斯中加入義式蛋白霜，使得味道不膩。
・盛盤方式如同提拉米蘇或英式鬆糕，輕鬆隨意即可完成。

Tarte au chocolat

Tarte
塔

以麵粉和奶油攪拌而成的麵團作成容器，填入食材的甜點或鹹食便是「塔」（Tarte法文意指圓形淺盤）。法文稱大的塔為Tarte，小的塔為Tartelette。

塔又可分為先填滿水果、果醬或奶油再去烘焙的種類和先烤好塔皮再填充內容物的種類。品嚐塔的樂趣在於享受酥脆的塔皮與填充物的搭配呢！

塔皮-1

Pâte brisée
油酥塔皮

麵粉與冰冷的奶油捏成碎碎麵團的派皮。加入少量的砂糖、奶油和水繼續搓揉，使麵團充滿彈性，製成適合填充當季的水果或果醬的塔皮再進行烘焙。製作成鹹派當成主餐也十分美味。

塔皮-2

Pâte sucrée
甜酥塔皮

甜酥塔皮不同於油酥塔皮，是混合所有材料製成的塔皮。製作過程不加水，擁有酥脆的口感。塔皮完成後可直接以切模切割作成酥餅。甜酥塔皮適合製作烤好塔皮再填充奶油或水果的甜塔。

塔皮1
油酥塔皮
Pâte brisée

材料（成品約380g） ※蛋奶素

發酵奶油 ——— 100g

A ⎰ 低筋麵粉 ——— 200g
 ⎱ 砂糖 ——— 10g
 ⎰ 鹽 ——— 3g

B ⎰ 蛋 ——— 1顆
 ⎱ 水 ——— 15cc

準備
· 奶油切成1cm的方塊後，與其他材料冷藏備用。
· 材料B攪拌混合。

作法

①

奶油與材料A全部放入食物調理機，斷斷續續攪拌。

②

奶油變成米粒大小時，加入備妥的材料B，分次攪拌至看不出粉的形狀。

③

從食物調理機中取出麵團成型，以保鮮膜包好，放入冰箱冷藏3至4小時。

小記
· 油酥塔皮是指搓揉而成的派皮，室溫高時要低溫保存食材，以免奶油融化。
· 若無食物調理機，可以手搓揉攪拌麵粉與奶油。
· 麵團一定要徹底休眠，以免烘烤時縮小。
· 麵團可冷凍保存。揉麵完成後分成便於使用的大小，以保鮮膜包覆，放入塑膠袋保存。解凍時將麵團從冷凍庫移至冷藏室，放一個晚上。

塔皮2
甜酥塔皮
Pâte sucrée

材料（成品約940g） ※蛋奶素

發酵奶油 —— 250g
鹽 —— 3g
A {
糖粉 —— 140g
香草糖 —— 5g
}

低筋麵粉 —— 420g
杏仁粉 —— 50g

蛋 —— 1顆
蛋黃 —— 1顆

準備
· 奶油置於室溫下軟化。
· 低筋麵粉與杏仁粉一起過篩備用。
· 蛋與蛋黃一起打發。

作法

① 調理盆放入軟化的奶油與鹽，加入材料A以打蛋器徹底攪拌。

② 蛋與蛋黃一起打發，分3至4次加入步驟①。每次加入時，都仔細攪拌到材料變得光滑。

③ 將過篩後的粉類全部加入，以橡膠刮刀大略攪拌。攪拌到麵團成型後，分成容易使用的份量，以保鮮膜包覆，放進冰箱冷藏一晚。

小記
· 甜酥塔皮的質地柔軟，需經低溫休眠才方便使用。
· 麵團可以冷凍。揉麵完成後分成便於使用的大小，以保鮮膜包覆，放入塑膠袋保存。解凍時將麵團從冷凍庫移至冷藏室，放置一晚。

巧克力塔

Tarte au chocolat

濃郁巧克力甜塔

材料（直徑8.5cm的塔圈5個）※蛋奶素

甜酥塔皮（→P.31）——— 300g
蛋黃 ——— 適量

蛋奶液*
- 調溫巧克力*（可可成分66%）——— 180g
- 鮮奶油（脂肪含量38%）——— 200g
- 香草莢 ——— 1根
- 蛋黃 ——— 90g

可可碎 ——— 適量

鏡面淋醬*
- 調溫巧克力*（可可成分66%）——— 50g
- 鏡面巧克力* ——— 100g
- 鮮奶油（乳脂含量42%）——— 70g
- 麥芽糖 ——— 10g
- 糖漿 ——— 水10cc＋砂糖14g

準備
- 調溫巧克力與鏡面巧克力分別切成細條狀。
- 鏡面淋醬的糖漿材料煮沸後放涼備用。

作法

① 甜酥塔皮擀成3mm厚度，以直徑12cm的切模切割塔皮。

② 在烤盤上鋪上烘焙紙，再放上塔圈。將步驟①中切割好的塔皮放進塔圈，切除多餘的塔皮，以叉子在塔皮均勻戳洞，放入冰箱冷藏休息60分鐘。烤箱預熱至180℃。

③ 配合塔圈切割的烘焙紙鋪在塔皮上，塔皮放上壓塔石，以180℃的烤箱烘烤10分鐘。移除壓塔石，在塔皮內側以毛刷塗抹蛋黃液。

④ 再次放入180℃的烤箱烘烤約5分鐘。

⑤ 製作蛋奶液。小鍋子中放入鮮奶油與對半剝開、去籽的香草莢，加熱至接近沸騰。

⑥ 調理盆放入巧克力，倒入步驟⑤的鮮奶油，以打蛋器攪拌混合，溶化巧克力。

⑦ 另外拿一個調理盆，放入打好的蛋黃，緩緩加入步驟⑥攪拌，以過濾器過濾。

⑧ 步驟④的塔皮倒入步驟⑦的蛋奶液，表面撒上適量的可可碎，放入烤箱以180℃烘烤10至15分鐘。

⑨ 稍微冷卻之後，以刀子修整邊緣，拿起塔圈。

⑩ 製作鏡面淋醬。切碎的調溫巧克力和鏡面巧克力放入調理盆中，倒入溫牛奶與麥芽糖，以打蛋器攪拌溶化。請不要打進空氣。

⑪ 準備好的糖漿加入步驟⑩，徹底攪拌混合後，緩緩倒入步驟⑨的表面，放置到表面凝固。

杏桃杏仁塔
Tarte aux abricots et aux amandes
添加水果的水果甜塔基本款

材料（直徑15cm的塔圈2個） ※蛋奶素

油酥塔皮（→P.30）—— 基本份量

杏仁奶油
- 發酵奶油 —— 110g
- 糖粉 —— 110g
- 杏仁粉 —— 110g
- 蛋 —— 2顆（110g）
- 香草糖 —— 1g
- 杏仁利口酒 —— ½小匙

糖煮杏桃 —— 適量

Marcona杏仁（去皮）（→P.120）
—— 100g

杏桃果醬 —— 適量

準備
· 瀝乾糖煮杏桃備用。

作法

① 參考酒漬葡萄乾巴斯克蛋糕（→P.48）製作杏仁奶油。

② 在烤盤上鋪上烘焙紙，再放上塔圈。甜酥塔皮擀成2mm厚度，將擀好的塔皮放進塔圈，以叉子在塔皮均勻戳洞，放入冰箱冷藏休息60分鐘。烤箱預熱至180℃。

③ 步驟①的杏仁奶油倒進塔圈，約八分滿。瀝乾的糖煮桃子在杏仁奶油上排成圓圈。

④ 放上杏仁，放入烤箱以180℃烘烤40分鐘。

⑤ 稍微冷卻後放到蛋糕冷卻架上，移除塔圈，以毛刷塗抹熱好的杏桃果醬。

糖煮桃子
① 分離糖漿漬桃子（1罐，825g）的糖漿和桃子。糖漿中加入25g的砂糖和1根剖半的香草莢，放入鍋中加熱。

② 沸騰之後轉小火，放入桃子，蓋上紙蓋加熱3分鐘。將15cc杏仁利口酒一點一點地倒入後，放置冷卻。

Tarte aux fruits

水果塔

Tarte aux fruits

享受未加熱水果的甜美滋味

材料（直徑15cm的塔圈1個） ※蛋奶素

甜酥塔皮（→P.31）———— 200g

杏仁卡士達奶油*
[杏仁奶油（→P.48）———— 100g
  卡士達醬（P.46）———— 100g

當季水果 ———— 適量
紅醋栗果凍（→P.21）———— 適量
杏桃果膠* ———— 適量

作法

① 在烤盤上鋪上烘焙紙，再放上塔圈。甜酥塔皮擀成3㎜厚度，把擀好的塔皮放進塔圈。多餘的塔皮以刀子修整，手指將塔皮邊緣推高1㎜。

② 以叉子在塔皮均勻戳洞，放入冰箱冷藏休息60分鐘。烤箱預熱至180℃。

③ 調理盆放入杏仁奶油與卡士達醬，仔細攪拌。攪拌好後放入裝好花嘴的擠花袋中，從步驟②的塔皮底部中心，以畫漩渦的方式擠出杏仁卡士達奶油。

④ 放入烤箱以180℃烘烤40分鐘。

⑤ 稍微冷卻之後，移至蛋糕冷卻架上。完全冷卻之後，以刨刀或刀子修整邊緣，進行成型動作。

⑥ 塔皮邊緣塗抹紅醋栗果醬，並擺滿水果。塗上杏桃果膠，防止水果乾燥和增添光澤。

小記

· 水果塔的主角是水果，塔皮和水果不要一起烘烤。水果可依據喜好，挑選當季的水果。在此以石榴、葡萄（巨峰與甲斐路）、李子、黑無花果、藍莓、黑莓和柿子為範例。

· 杏仁卡士達奶油可加入開心果泥，或裝飾上草莓、覆盆子等紅色水果，美觀又美味。

Tarte salée

鹹塔
Tarte salée

可當配菜享用

材料（直徑21cm×高5cm的中空圈1個）　※非素

油酥塔皮（→P.30）────1個
蛋黃────1顆
格呂耶爾起士────100g

蛋奶液
| 蛋────5顆
| 鮮奶油（乳脂含量42%）────375cc
| 鹽────4g
| 白胡椒、肉豆蔻────皆適量

苦苣────4個
帕爾瑪火腿────8片
松子────30g

準備
・格呂耶爾起士削成大片備用。
・烤箱預熱至200℃。

作法

① 根據中空圈的高度，決定油酥塔皮的大小。油酥塔皮要比中空圈的直徑大5cm。塔皮放入中空圈內，放進冰箱冷藏約30分鐘

② 塔皮放入壓塔石，放入烤箱以200℃烘烤約15分鐘。移除壓塔石，在塔皮內側以毛刷塗抹蛋黃液，再烘烤約5分鐘。

③ 苦苣先對半縱切，再對半橫切，分成四等分。火腿切成適當長度，捲起苦苣。

④ 步驟②的塔皮中依序放入格呂耶爾起士和火腿捲起的苦苣。

⑤ 製作蛋奶液。蛋加入鹽、白胡椒和肉豆蔻，不要攪拌到太冒泡。鹽溶解後，加入鮮奶油繼續攪拌。

⑥ 步驟⑤的蛋奶液倒入步驟④中，撒上松子，待溫度下降至180℃續烤約1小時。

⑦ 切除多餘的塔皮，移除中空圈，放在蛋糕冷卻架上等待冷卻。

小記
・依起士和火腿的鹹度，調整蛋奶液的鹽分。配菜的組合方式沒有限制，例如：各種香菇搭配栗子、炒透的洋蔥搭配培根、當季馬鈴薯搭配蘆筍或青豆、茄子搭配櫛瓜與小番茄……。起士也可一同改變，換成羊奶起士或藍起士，品嚐起來也更添樂趣。

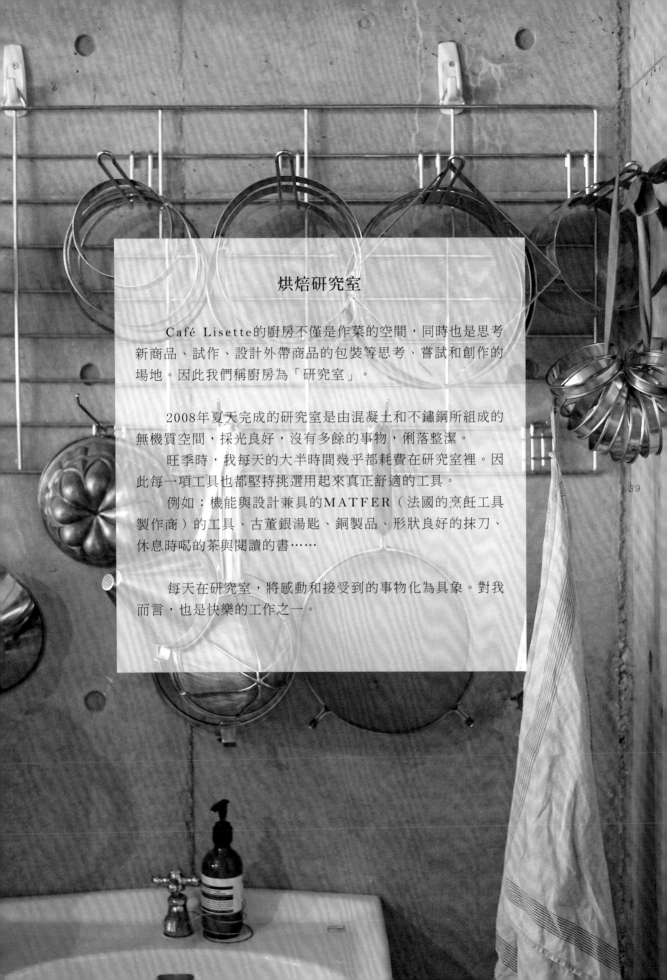

烘焙研究室

Café Lisette的廚房不僅是作菜的空間，同時也是思考新商品、試作、設計外帶商品的包裝等思考、嘗試和創作的場地。因此我們稱廚房為「研究室」。

2008年夏天完成的研究室是由混凝土和不鏽鋼所組成的無機質空間，採光良好，沒有多餘的事物，俐落整潔。

旺季時，我每天的大半時間幾乎都耗費在研究室裡。因此每一項工具也都堅持挑選用起來真正舒適的工具。

例如：機能與設計兼具的MATFER（法國的烹飪工具製作商）的工具、古董銀湯匙、銅製品、形狀良好的抹刀、休息時喝的茶與閱讀的書……

每天在研究室，將感動和接受到的事物化為具象。對我而言，也是快樂的工作之一。

薑味糖漿
Sirop de gingembre

熬煮生薑所煮成的辣糖漿

材料（450cc的瓶子約3瓶）　※全素

薑 ——— 300g
水 ——— 1ℓ
紅辣椒（乾燥）——— 2根
三溫糖 ——— 400g
檸檬 ——— 1又1/2個

準備
・檸檬表皮洗乾淨，切半備用。
・紅辣椒去籽備用。

<u>小記</u>
・紅辣椒的份量依照喜好調整。本食譜採用外型嬌小辛辣的義大利紅辣椒。
・敝店使用的是傳熱快的銅鍋，一般家庭可使用耐酸的不鏽鋼鍋或琺瑯鍋。請勿使用會變色的鋁鍋。
・火力和鍋子大小會影響水分蒸發量，如果煮到一半水不夠，可以適時添加。
・建議使用日本的檸檬。日本檸檬比較香，又無需擔心防腐劑和農藥的問題。

作法

① 洗淨薑上的泥，切斷薑的纖維，帶皮削成1mm至2mm的厚度。

② 鍋子中放入水、紅辣椒和薑片以中火加熱。

③ 開始沸騰後，調整火力，維持表面滾動的狀態熬煮1小時。若表面浮現雜質請清除。

④ 加入三溫糖，繼續熬煮約30分鐘後，擠檸檬汁加進鍋子裡。擠完之後放入帶皮的檸檬，繼續熬煮30分鐘。

⑤ 從爐子上拿下鍋子，稍微冷卻後，把糖漿裝入消毒好的瓶子裡，蓋上蓋子保存。
→密封冷藏約可保存3個月。

嫩薑糖漿
Nouveau sirop de gingembre

新鮮的嫩薑與香茅製作而成的糖漿

材料（450cc的瓶子約3瓶）　※全素

嫩薑 —— 350g
水 —— 1ℓ
新鮮香茅 —— 5根
三溫糖 —— 420g
檸檬 —— 1顆

準備
・檸檬表皮洗乾淨，切半備用。
小記
・嫩薑糖漿滋味溫和。煮過的薑可以直接
　吃，或切碎摻入香草法式司康（→P.10）也
　很美味。

作法

①洗淨嫩薑上所附著的泥土，帶皮削成1mm至2mm的厚度。

②鍋子中放入水、香茅和薑片加熱。

③開始沸騰後調整火力，維持表面滾動的狀態熬煮1小時。表面浮現雜質便清除。

④加入三溫糖，繼續熬煮約30分鐘後，擠檸檬汁加進鍋子裡。擠完之後放入帶皮的檸檬，繼續熬煮30分鐘。

⑤從爐子上拿下鍋子，稍微冷卻後，把糖漿裝入消毒好的瓶子裡，蓋上蓋子保存。
　→密封冷藏約可保存3個月。

聖誕薑味糖漿
Sirop de gingembre de Noël

添加香料與柳橙的薑味糖漿

材料（450cc的瓶子約3瓶）　※全素

薑 —— 300g
水 —— 1ℓ
三溫糖 —— 400g
檸檬 —— 1顆
柳橙 —— 1顆

A ｜ 肉桂棒 —— 1根
　｜ 白荳蔻 —— 1粒
　｜ 月桂葉 —— 1片
　｜ 丁香 —— 1根
　｜ 黑胡椒 —— 3粒
　｜ 紅辣椒 —— 2根
　｜ 茴芹子* —— 1g
　｜ 杜松子* —— 2顆

準備
・白荳蔻、丁香、黑胡椒、茴芹子和杜松子
　以瓶子底部等工具大略磨碎備用。

作法

①洗淨薑上的泥，帶皮削成1mm至2mm的厚度。

②鍋子中放入水、材料A的香料和薑片加熱。

③開始沸騰後調整火力，維持表面滾動的狀態熬煮1小時。表面浮現雜質便清除。

④加入三溫糖，繼續熬煮約30分鐘。

⑤檸檬與柳橙切半，擠汁加進鍋子裡。擠完之後放入帶皮的檸檬與柳橙，繼續熬煮30分鐘。

⑥從爐子上拿下鍋子，稍微冷卻後，將糖漿裝入消毒好的瓶子裡，蓋上蓋子保存。
　→密封冷藏約可保存3個月。

嫩薑糖漿＋沛綠雅
=薑汁汽水

薑味糖漿＋熱水
=薑湯

聖誕薑味糖漿＋啤酒
=薑汁啤酒

嫩薑糖漿＋沛綠雅
=薑汁汽水
玻璃杯中倒入適量的嫩薑糖漿，加入4至5倍份量
的沛綠雅（碳酸水）。

薑味糖漿＋熱水
=薑湯
耐熱玻璃杯中倒入適量的薑味糖漿，依喜好加入3
至4倍的熱水。

聖誕薑味糖漿＋啤酒
=薑汁啤酒
原本「薑汁啤酒」是將啤酒與薑汁汽水以1：1的比
例混合，也可依喜好調整。

巴斯克蛋糕

巴斯克蛋糕是巴斯克地區的傳統烘焙點心，區域橫跨法國西南部至西班牙東北部。正式的巴斯克蛋糕是濕潤的餅乾質地，內餡為巴斯克地區的特產Cerise Noire（黑櫻桃的一種），表面刻劃巴斯克十字（原文為Lauburu，意指四個頭，多半是卍字設計）圖樣。櫻桃的採收期間短，因此經常作成果醬或櫻桃卡士達醬。

44

Gâteau Basque

Gâteau au rhum et aux raisins

巴斯克蛋糕
Gâteau Basque

奶油餡夾心的巴斯克地區傳統點心

材料（直徑21cm的中空圈1個）　※蛋奶素

發酵奶油 —— 125g

鹽 —— 2g

A ┃ 甜菜糖（→P.120）—— 100g
　┃ 香草糖 —— 2g

B ┃ 低筋麵粉 —— 155g
　┃ 杏仁粉 —— 65g
　┃ 泡打粉 —— 1g

蛋 —— 1顆

卡士達醬

┃ 牛奶 —— 250g
┃ 香草莢 —— 1根
┃ 蛋黃 —— 3顆
┃ 砂糖 —— 45g
┃ 低筋麵粉 —— 20g
┃ 奶油切成1cm方塊 —— 45g

增添光澤的蛋液 —— 適量

準備

· 奶油置於室溫下軟化。
· 材料B一同過篩備用，卡士達醬的低筋麵粉另行過篩備用。
· 圓形烤模內側塗抹奶油（份量外）。
· 剖開香草莢，取出香草籽。

小記

· 卡士達醬在法文中意指「甜點店的奶油餡」。
· 步驟4中加熱卡士達醬時，一開始會黏稠凝固。繼續加熱便會變稀，持續加熱至出現光澤，便完成口感柔順的卡士達醬。
· 卡士達醬有時會以櫻果果醬代替。

作法

①

製作卡士達醬。小鍋子中放入牛奶和帶籽的香草莢，以中火加熱。接近沸騰時熄火，蓋上蓋子燜4至5分鐘左右。

②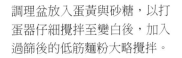

調理盆放入蛋黃與砂糖，以打蛋器仔細攪拌至變白後，加入過篩後的低筋麵粉大略攪拌。

③

步驟①的牛奶倒進步驟②的奶油中，以打蛋器攪拌後，一邊過濾，一邊倒回步驟①。

④

開中火加熱步驟③，木杓攪拌鍋底，直至奶油變得濃稠。

⑤

徹底加熱後熄火，加入切成方塊的奶油，仔細攪拌。

⑥

將步驟⑤的奶油放進托盤，以保鮮膜包緊，放進冰箱冷藏（或冰水冷卻）。

⑦

製作麵糊。在較大的調理盆中放入奶油與鹽，攪拌至材料變得光滑後，加入材料以打蛋器仔細攪拌。

⑧

蛋液分成3至4次，加入步驟⑦。每次加入蛋液都必須仔細攪拌至材料變得光滑。

⑨

一口氣加入過篩後的材料B，以橡膠刮刀大略攪拌。烤箱預熱至180℃。

⑩

將步驟⑨的麵糊放入裝好花嘴的擠花袋。烤盤鋪上烘焙紙，放上中空圈，以畫漩渦的方式擠出麵糊，以刮板抹平表面。接下來沿著中空圈的邊緣內側擠一圈，以手指抹平邊緣的麵糊如同製作堤防，放進冷凍庫10分鐘。

⑪

以橡膠刮刀將步驟⑥的卡士達醬刮開，放入裝好花嘴的擠花袋。在步驟⑩中心，以畫漩渦的方式擠出卡士達醬後，放入冷凍庫凝固。

⑫

剩餘的麵糊以步驟⑪的方式擠進中空圈，抹平表面，再次放回冷凍庫冷凍10分鐘。

⑬
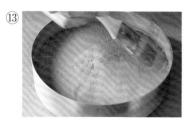

表面以毛刷塗抹增添光澤的蛋液，以刀子刻畫圖案，最後放入烤箱以180℃烘烤45分鐘。

酒漬葡萄乾巴斯克蛋糕

Gâteau au rhum et aux raisins

活用巴斯克麵包的麵團

材料（18cm的方形烤模1個）　※蛋奶素

發酵奶油 —— 250g

鹽 —— 4g

A ⎰ 甜菜糖 —— 200g
　⎱ 香草糖 —— 4g

蛋 —— 2顆

B ⎧ 低筋麵粉 —— 310g
　⎨ 杏仁粉 —— 130g
　⎩ 泡打粉 —— 2g

杏仁奶油
⎧ 發酵奶油 —— 130g
⎪ 糖粉 —— 130g
⎪ 香草糖 —— 2g
⎨ 蛋 —— 130g
⎪ 杏仁粉 —— 130g
⎩ 蘭姆酒 —— 5cc

蘭姆酒漬葡萄乾 —— 150g

糖霜* —— 200g

糖漿 —— 水50cc＋砂糖68g

準備

- 奶油置於室溫下軟化。
- 蛋糕模塗抹大量奶油（份量外）。
- 材料B一同過篩。
- 糖漿的水與砂糖放進鍋子煮沸後放涼備用。
- 蘭姆酒漬葡萄乾以篩子瀝乾。

作法

① 調理盆放入軟化的奶油與鹽，以打蛋器攪拌至光滑後，加入材料A仔細攪拌。

② 蛋液分3至4次加入步驟①，每次加入蛋液都必須攪拌至材料變得光滑。

③ 一口氣加入過篩後的材料B，以橡膠刮刀大略攪拌。

④ 製作杏仁奶油調理盆放入軟化的奶油、鹽與香草糖，以打蛋器徹底攪拌後，蛋液分數次加入。每次加入蛋液時都必須仔細攪拌。

⑤ 步驟④的杏仁奶油中加入杏仁粉，徹底攪拌後加入蘭姆酒繼續攪拌。

⑥ 烤箱預熱至180℃。

⑦ 準備兩個裝好花嘴的擠花袋，分別放入步驟③的麵糊和步驟⑤的杏仁奶油。

⑧ 準備好的烤模底部和側面，分別擠上步驟③的麵糊（份量為$2/3$）後，擠出一半的杏仁奶油，以橡膠刮刀抹平。排滿蘭姆酒漬葡萄乾，擠上剩下的杏仁奶油，以橡膠刮刀抹平表面。完成後放入冷凍庫冷卻10分鐘。

⑨ 剩下的步驟③麵糊像蓋蓋子一樣，擠在步驟⑧上，放入冰箱冷藏約30分鐘。

⑩ 步驟⑨放入烤箱以180℃烘烤60分鐘，直至以竹籤刺入蛋糕也不會沾黏奶油。

⑪ 烤好後脫模，放在蛋糕冷卻架上稍微冷卻。

⑫ 糖霜與糖漿一起隔水加熱，以30℃左右的溫度加熱至硬度恰到好處。蛋糕冷卻架下方放托盤，把糖霜塗在烤好的步驟⑪的蛋糕上，放置乾燥。可依喜好裝飾帶枝的葡萄（份量外）。

小記

· 麵團與奶油餡放入烤模時，儘量不要讓空氣跑進去。

· 蘭姆酒漬葡萄乾是將葡萄乾洗淨後，倒入蘭姆酒至葡萄乾稍微冒出頭的狀態，醃漬3天以上。

Petits fours secs

乾花色小甜點

　　餅乾和司康等乾的小點心，在法文中統稱為「乾花色小甜點」。體積小巧，不僅可於下午茶享用，搭配多種乾花色小甜點也能當成華麗的派對小點喔！

茴芹乾花色小甜點
Petit four à l'anis　　蛋香濃郁的阿爾薩斯地區傳統甜點

材料（直徑約5cm的甜點約50個）　※蛋素

糖粉 —— 250g
蛋 —— 3顆
茴芹子 —— 20g
低筋麵粉 —— 300g

作法

①調理盆放入蛋與糖粉，以手持攪拌器攪拌至材料變白濃稠（舉起攪拌器時，材料如同緞帶般落下）。

②步驟①中加入過篩後的低筋麵粉和茴香子，以橡膠刮刀大略攪拌。

③攪拌至看不出麵粉的形狀時，將步驟②的麵糊放入裝好11mm花嘴的擠花袋。在烤盤上鋪上烘焙紙，擠出直徑約4cm的圓形麵糊。

④待麵糊乾燥至表面出現薄膜（手摸也不會沾黏）。

⑤放進烤箱以120℃烘烤12至15分鐘（請不要烤到出現烘烤的痕跡或表面出現裂痕）。
→裝進放有乾燥劑的密封容器可保存10天左右。

堅果脆餅
Leckerlis　　瑞士巴賽爾地區的傳統點心

材料（3cm方塊餅約60個）　※酒素

A ⎡ 蜂蜜 —— 125g
　⎟ 砂糖 —— 125g
　⎣ 檸檬皮屑 —— ½顆檸檬量
B ⎡ 杏仁片 —— 250g
　⎟ 柳橙皮（切成5cm方塊）—— 25g
　⎟ 檸檬皮（切成5cm方塊）—— 25g
　⎣ 櫻桃利口酒 —— 40cc
低筋麵粉 —— 300g
肉桂 —— 3g
丁香 —— 2g
黑胡椒、白胡椒 —— 各1g
糖衣*
　⎡ 糖粉 —— 100g
　⎟ 熱水 —— 15cc
　⎣ 櫻桃利口酒 —— 20cc

準備
・香料使用之前先磨成粉狀，與低筋麵粉一起過篩備用。

作法

①烤箱預熱至180℃。鍋子中放入材料A，以中火加熱沸騰溶化砂糖。

②熄火後在步驟①中加入材料B和過篩後的麵粉，以木杓仔細攪拌至成型。

③烤盤鋪上烘焙紙放上步驟②的麵團，以擀麵棍擀成厚度1.5cm的方形麵團。

④放入烤箱以180℃烘烤約15分鐘。

⑤稍微冷卻之後，混合糖衣材料，以毛刷塗抹於餅乾表面。

⑥放入預熱至200℃的烤箱烘烤約30秒，使烘乾表面。

⑦餅乾切成3cm方塊。
→裝進放有乾燥劑的密封容器可保存10天左右。

核桃咖啡擠花餅乾　口感純粹的擠花餅乾
Spritz au café et aux noix

材料（長度10cm的餅乾約50個）　※蛋奶素

發酵奶油 —— 150g
核桃 —— 50g
咖啡豆（重烘焙） —— 10g
A ┌ 低筋麵粉 —— 100g
　├ 杏仁粉 —— 75g
　└ 玉米粉 —— 130g
糖粉 —— 125g
香草糖 —— 5g
蛋 —— 1 顆
濃縮咖啡精華* —— 10g

準備
・奶油置於室溫下軟化。
・核桃以烤箱烘烤至稍微變色，稍微冷卻後
　切碎備用。
・咖啡豆要用時才磨碎成濃縮咖啡粉。
・材料A一同過篩備用。
・烤箱預熱至180℃。

作法

① 調理盆放入奶油，以打蛋器攪拌混合至硬度均勻後，加入
　糖粉、香草糖攪拌至變白。

② 蛋液分2至3次加入步驟①，每次加入蛋液都必須攪拌至材
　料變得光滑。

③ 過篩後的材料A、切好的核桃和咖啡豆一同加入步驟②，
　以橡膠刮刀大略攪拌。

④ 步驟③的麵糊攪拌至九成混合時，放入裝好1.5cm星形花嘴
　的擠花袋。在鋪好烘焙紙的烤盤上擠出約10cm長的麵糊。

⑤ 放入烤箱以180℃烘烤10分鐘。
　→裝進放有乾燥劑的密封容器可保存10天左右。

小記
・擠花時也會攪拌麵糊，因此麵糊還有些許麵粉顆粒即可裝入擠
　花袋。

57

蜂蜜餅乾　使用蜂蜜製成的甜度自然烘焙點心
Nids de guêpes

材料（直徑4cm的點心約22個）　※蛋素

蛋白 —— 60g
日本冷杉蜂蜜 —— 150g
玉米粉 —— 40g
杏仁 —— 150g
葡萄乾（蘇丹娜葡萄乾） —— 150g

準備
・杏仁放入烤箱以180℃烘烤15分鐘，放置
　冷卻後以菜刀大略切碎。
・玉米粉過篩後備用。
・烤箱預熱至160℃。

小記
・如果沒有日本冷杉蜂蜜，可改用蕎麥或栗
　子等香味濃郁的蜂蜜製作。

作法

① 製作義大利蛋白霜（參考P.77的步驟①至③）。調理盆內放入
　蛋白，以手持攪拌器快速打發，打發至拉起蛋白霜時會立
　起。

② 小鍋子中放入蜂蜜，加熱至122℃後，緩緩把蜂蜜加進步
　驟①的蛋白霜，繼續打發。

③ 加完所有蜂蜜之後，手持攪拌器調為中速，持續攪拌到溫
　度下降至與肌膚溫度相同。

④ 溫度下降之後，放入玉米粉，以橡膠刮刀大略攪拌，加入
　杏仁與葡萄乾繼續攪拌。

⑤ 以兩根湯匙成型，放進烤箱以160℃烘烤約1小時。
　→裝進放有乾燥劑的密封容器可保存10天左右。

柳橙&法國茴香酒方塊餅
Carré à l'orange et au pastis

柳橙香氣四溢方塊餅乾

材料（5cm方塊餅乾約25片）　※蛋奶素

發酵奶油 —— 150g
鹽 —— 3g
糖粉 —— 30g
低筋麵粉 —— 250g
泡打粉 —— 5g
蛋黃 —— 2顆
柳橙皮 —— 100g
法國茴香酒* —— 20cc
糖衣*
  ┌ 糖粉 —— 100g
  │ 法國茴香酒* —— 15cc
  └ 水 —— 10cc

準備
· 奶油置於室溫下軟化。
· 柳橙皮切成5mm方塊，浸泡於卡士達醬約1小時。
· 低筋麵粉和泡打粉一同過篩備用。

作法

① 調理盆放入奶油，以打蛋器攪拌，混合至硬度均勻後，加入鹽與糖粉攪拌至變白。

② 蛋液分2至3次加入步驟①，每次加入蛋液都必須仔細攪拌。

③ 加入過篩後的粉類，以橡膠刮刀進行切拌。

④ 將法國茴香酒浸泡過的柳橙皮加入步驟③，以橡膠刮刀攪拌。

⑤ 麵團以保鮮膜包緊，壓成1cm厚的片狀，放入冰箱冷藏3至4小時。

⑥ 烤箱預熱至180℃。

⑦ 步驟⑤的麵團放在鋪好烘焙紙的烤盤上，放上另一張烘焙紙，以擀麵棍將麵團擀成2mm厚度。

⑧ 以菜刀在麵團上畫出5×5cm的切痕，放入烤箱烘烤20分鐘。

⑨ 剛烤好的酥餅，十分脆弱，因此放在烤盤上稍微冷卻。混合糖霜的材料，塗抹酥餅表面，放入烤箱以200℃加熱30秒烘乾。

⑩ 手指沿著切痕，剝斷餅乾。
　→裝進放有乾燥劑的密封容器可保存10天左右。

小記
· 薄薄的酥餅，特徵是口感酥鬆。
· 加入麵粉時不要過度攪拌，以保鮮膜包覆時是稍微結塊的狀態即可。

焦糖餅乾　比利時的香料餅乾
Spéculoos

材料（3×6cm方塊餅乾約40片） ※蛋奶素

發酵奶油 —— 125g
紅糖 —— 188g
鹽 —— 1g
蛋 —— 1顆
低筋麵粉 —— 250g
A 肉桂粉 —— 1g
　焦糖餅乾用的綜合香料 —— 2g
　杏仁粉 —— 50g
　泡打粉 —— 1g
蛋 —— 適量
砂糖 —— 適量

準備

・低筋麵粉、香料、杏仁粉和泡打粉一同過篩備用。
・奶油置於室溫下軟化。

作法

① 調理盆放入奶油，以打蛋器攪拌混合至硬度均勻後，加入鹽與糖粉攪拌至變白。

② 蛋液分2至3次加入步驟①，每次加入蛋液都必須仔細攪拌。

③ 加入過篩後的粉類，以橡膠刮刀進行切拌。在略帶麵粉的狀態下輕輕成型，以保鮮膜包緊，壓成1cm的板狀，放入冰箱冷藏一晚。

④ 休眠過的麵團輕輕搓揉，捏成約3cm×6cm的方形後，以保鮮膜包緊放入冷凍庫1小時，形成半冷凍的狀態。

⑤ 烤箱預熱至180℃。

⑥ 從冷凍庫取出麵團，除了較短的側邊之外，四面塗滿蛋液、撒上砂糖。砂糖要固定牢靠。

⑦ 步驟⑥的麵團切成3mm的薄片，放在鋪好烘焙紙的烤盤上。彼此之間需有間隔。放入烤箱烘烤15分鐘。

⑧ 出爐後，因為酥餅很軟，先放在烤盤上稍微冷卻。變硬後移至蛋糕冷卻架上，放置冷卻。
　→裝進放有乾燥劑的密封容器可保存10天左右。

小記

・添加大量紅糖的香料酥餅，可以享受紅糖豐富的滋味和酥脆的口感（紅糖是尚未精製的蔗糖）。
　麵團成型時，請不要讓空氣跑進去。空氣會導致切片時出現空洞。
　如果沒有香料酥餅專用的綜合香料，可以混合肉桂、白荳蔻、肉豆蔻、丁香、薑粉和黑胡椒。雖然味道和香料酥餅不同，肉桂或肉豆蔻就能使得餅乾十分美味。

南特酥餅　Sablé nantais

法國南特地區的餅乾

材料（直徑7cm的菊花形餅乾30片）　※蛋奶素

發酵奶油 —— 150g

生杏仁膏 —— 75g

糖粉 —— 75g

蛋 —— 30g

A ｛ 低筋麵粉 —— 180g

泡打粉 —— 1g

增添光澤的蛋液

｛ 蛋黃 —— 1 顆

濃縮咖啡精華* —— 1 滴

準備

· 材料A的低筋麵粉和泡打粉一同過篩備用。

· 增添光澤的蛋液材料要攪拌均勻。

作法

① 發酵奶油與生杏仁膏輕輕搓揉至相同硬度，放入調理盆以手持攪拌機攪拌均勻。

② 加入糖粉，仔細攪拌。

③ 蛋液分2至3次加入，每次加入蛋液都必須仔細攪拌。

④ 步驟③加入過篩後的材料A，以橡膠刮刀大略攪拌。

⑤ 麵團以保鮮膜包緊，壓成1㎝厚的板狀，放入冰箱冷藏5至6小時。

⑥ 烤箱預熱至180℃。

⑦ 待步驟⑤的麵團休眠後，擀成5㎜的厚度，以切模壓出圓形。

⑧ 將步驟⑦排列於鋪好烘焙紙的烤盤上，放入冷藏室30分鐘，使麵團凝固。

⑨ 脫模後的麵團，放在鋪好烘焙紙的烤盤上，以叉子作出格子圖案。

⑩ 放入烤箱烘烤約15分鐘。

→裝進放有乾燥劑的密封容器可保存10天左右。

果醬眼鏡酥餅

Sablé lunettes

果醬夾心的眼鏡形餅乾

材料（長度5cm的葉片形餅乾35個）　※蛋奶素

- A
  - 低筋麵粉 ——— 250g
  - 杏仁粉 ——— 80g
  - 糖粉 ——— 120g
  - 香草糖 ——— 5g
  - 鹽 ——— 2g
- 發酵奶油（1cm方塊）——— 100g
- 蛋黃 ——— 4顆
- 增加光澤的蛋液
  - 蛋黃 ——— 1顆
  - 鹽 ——— 1撮
  - 水 ——— 5cc
- 糖粉、喜歡的果醬 ——— 皆適量

準備

· 增添光澤的蛋液材料先行攪拌備用。

作法

① 調理盆放入材料A過篩，徹底攪拌混合。

② 步驟①的調理盆中放入切成方塊的奶油，以指尖搓揉麵粉與奶油，直至奶油從米粒大小變成如同起士粉般乾燥。

③ 步驟②加入蛋黃液，以橡膠刮刀大略攪拌。

④ 攪拌至九成混合時成型，以保鮮膜包覆壓成1cm厚的板狀，放進冰箱休眠一晚。

⑤ 烤箱預熱至180℃。

⑥ 休眠過的麵團以手搓揉，以擀麵棍擀成3mm厚。

⑦ 以5cm的葉子形切模切割麵團，放在鋪好烘焙紙的烤盤上。

⑧ 取一半步驟⑥的麵團，以1cm的圓形切模壓出2個如同眼鏡般的洞，塗上增添光澤的蛋液。

⑨ 放入烤箱以180℃烘烤15分鐘。

⑩ 酥餅放在蛋糕冷卻架上稍微冷卻，在有洞的酥餅表面撒上糖粉。

⑪ 沒有洞的酥餅塗上果醬，貼上有洞的酥餅。
→裝進放有乾燥劑的密封容器可保存10天左右（僅有酥餅的狀態）。

小記

· 搭配果醬改變餅乾口味也很有趣。例如製作覆盆子果醬夾心餅乾時，可以在酥餅中加入肉桂粉，作出林茲蛋糕的感覺。

想天天品嚐的甜點

　　以前比較重視可放在甜點店櫥窗的華麗點心。但是那些都是特別的日子吃的甜點，每天吃馬上就膩了。

　　現在我所追求的是隨處可見，可是吃了會覺得「果然還是這個最好吃」，想起來就會想吃的甜點；我想製作的是家裡有就會覺得很安心，沒了會想「吃完了，再去買（再作）」的甜點。

　　吃到有小麥香的甜點，就會覺得很放鬆。

　　所謂「小麥香」指的是樸素的麵粉味道，像是媽媽親手作給孩子們吃的點心，非常令人懷念的味道。

　　當然每個人的喜好都不盡相同，顧客挑選自己喜歡的餅乾。但是身為製作的人，我希望的製作出懷舊的美味且能夠引起眾人共鳴的甜點。

65

Sablé au fromage blue (Pebble)

Sablé diamant (Pebble)

Noix de Macadamia caramélisées (Pebble)

Cidre chaud

Pebble是小石頭的意思。嘗試組合多種味道契合的小石頭點心。

藍起士酥餅（Pebble） 充滿起士甜味的重口味酥餅
Sablé au fromage bleu(Pebble)

材料（直徑1cm的圓形餅乾約30個） ※奶素

發酵奶油 ——— 75g
藍起士（羅克福） ——— 65g
糖粉 ——— 25g
香草糖 ——— 1g
低筋麵粉 ——— 100g
玉米粉 ——— 40g

準備
・低筋麵粉與玉米粉一同過篩備用。
・藍起士濾過，使口感更加滑順（不使用外皮）。
・奶油置於室溫下軟化。

作法

① 調理盆放入奶油與藍起士以打蛋器攪拌均勻，再加入糖粉與香草糖，仔細攪拌至材料變白。

② 過篩後的粉類加入步驟①，以橡膠刮刀大略攪拌。攪拌至九成混合時，以保鮮膜包緊，擀成1cm厚的板狀，放入冰箱冷藏5至6小時。

③ 烤箱預熱至180℃。

④ 步驟②以手輕輕搓揉，分成三等分。麵團分別揉成直徑2cm的棒狀，橫切成10等分。

⑤ 雙手搓圓麵團，放上鋪好烘焙紙的烤盤，放入烤箱以180℃烘烤約12分鐘。
→裝進放有乾燥劑的密封容器可保存3至4天左右。

焦糖夏威夷堅果 胡椒口味的焦糖堅果
Noix de Macadamia caramélisées(Pebble)

材料（容易製作的份量） ※全素

紅糖 ——— 150g
A { 麥芽糖 ——— 85g
   香草莢 ——— 1/2根
   薑粉 ——— 2g
   黑胡椒 ——— 1g
夏威夷堅果 ——— 200g

準備
・夏威夷堅果放入烤箱以180℃烘烤至變色後，稍微放涼備用。
・使用黑胡椒時，再磨細黑胡椒。

作法

① 大鍋子裡放進1/5的紅糖（30g），以中火加熱。木杓攪拌紅糖融化，直至變成焦糖色。變色之後再次加入相同份量的紅糖（30g），直至用完所有紅糖。

② 紅糖全部融化變成焦糖色後，從爐子上拿下鍋子，加入材料A，攪拌至麥芽糖融化。

③ 加入烤好的夏威夷堅果，仔細攪拌至堅果整體都沾上焦糖。

④ 步驟③移至烘焙紙上放涼，堅果之間必須保持間隔。
→裝進放有乾燥劑的密封容器可保存1個月左右。

小記
・紅糖焦掉會變苦，加熱時要注意。

香草酥餅 撒上砂糖的酥餅
Sablé diamant (Pebble)

材料（直徑3cm的餅乾約28片） ※蛋奶素

發酵奶油 —— 100g
糖粉 —— 50g
蛋黃 —— 1/2顆蛋的份量
低筋麵粉 —— 150g
香草莢 —— 1根

蛋 —— 適量
砂糖 —— 適量

準備
・低筋麵粉過篩備用。
・奶油置於室溫下軟化。

作法

① 調理盆放入奶油、糖粉與香草籽，以打蛋器攪拌至材料變白。

② 步驟①加入蛋黃，徹底攪拌混合。

③ 加入過篩後的低筋麵粉，以橡膠刮刀大略混合。

④ 攪拌至九成均勻時，以保鮮膜包緊，放入冰箱冷藏5至6小時。

⑤ 休眠過的麵團分成兩等分，分別揉成直徑2cm的棒狀，以蠟紙包住麵團，放入冷凍庫約1小時。烤箱預熱至200℃。

⑥ 步驟⑤的麵團以毛刷塗上蛋液，撒滿砂糖。橫切成1cm的寬度。

⑦ 麵團排在烤盤上，放入烤箱，以200℃烘烤15分鐘。
　→裝進放有乾燥劑的密封容器可保存10天左右。

小記
・麵團成型時，注意不要讓空氣跑進去。空氣會導致切片時出現空洞。

67

蘋果酒 溫蘋果酒
Cidre chaud

作法

① 小鍋子中放入蘋果酒、蜂蜜和肉桂棒加熱。

② 加熱至沸騰時熄火，倒入杯子裡。

③ 依喜好添加香緹奶油。

材料（1人份） ※酒素

蘋果酒（甜） —— 200cc
山蜂蜜（→P.121） —— 10g
肉桂棒 —— 1根
香緹奶油（→P.81） —— 適量

小記
・熱蘋果汽水的酒精版。蘋果酒本身的甜度較弱，添加個性強烈的蜂蜜補足味道與甜度。
・蜂蜜也可使用味道濃郁的百花蜜，請依照喜好挑選蜂蜜。

巧克力麥片
Muesli au chocolat
巧克力口味的麥片

材料（30cm的烤盤2個）　※全素

A
- 燕麥 —— 600g
- 杏仁 —— 75g
- 榛果 —— 75g
- 夏威夷堅果 —— 100g
- 向日葵子 —— 125g
- 南瓜子 —— 125g
- 可可碎* —— 80g
- 全麥粉 —— 30g

B
- 蜂蜜 —— 375g
- 甜菜糖 —— 75g
- 太白麻油（或菜籽油）—— 175g
- 巧克力 —— 50g
- 可可粉 —— 38g
- 香草精（或香草油）—— 2.5g
- 鹽 —— 4g

葡萄乾（蘇丹娜葡萄乾）—— 75g

準備
- 烤箱預熱至140℃。

作法

① 調理盆內放入材料A混合。

② 小鍋子中放入材料B攪拌混合，以中火加熱。加熱時以木杓攪拌，避免燒焦，藉由油脂乳化蜂蜜。

③ 巧克力完全融化，開始沸騰時熄火。倒入步驟①的調理盆中均勻攪拌，薄薄鋪在鋪好烘焙紙的烤盤上。

④ 放入烤箱以140℃烘烤1小時後，再以120℃烘烤1小時（烘烤時要打開烤箱的換氣口。如果沒有換氣口，以140℃的烤箱烘烤1小時後，打開烤箱門30秒釋放蒸氣，再以120℃烘烤1小時）。

⑤ 出爐後拿出烤箱，趁熱攪開麥片。待冷卻後加入葡萄乾。
→裝進放有乾燥劑的密封容器可保存1個月左右。

69

小記
- 麥片冷卻後會變硬，烤好後要趁熱分開麥片。

香料麥片

Muesli au pain d'épice

充滿香料的麥片

材料（30cm的烤盤2個）　※全素

A
- 燕麥 —— 600g
- 杏仁 —— 125g
- 夏威夷堅果 —— 125g
- 向日葵子 —— 125g
- 南瓜子 —— 125g
- 裸麥粉 —— 50g
- 全麥粉 —— 50g

B
- 蜂蜜 —— 375g
- 甜菜糖 —— 75g
- 太白麻油（或菜籽油）—— 188g
- 肉桂粉 —— 5g
- 薑粉 —— 3g
- 香料糕餅用的綜合香料 —— 15g
- 鹽 —— 4g

蘇丹娜葡萄乾 —— 50g

無花果乾 —— 50g

杏桃乾 —— 50g

柳橙果醬（砂糖漬）——75g

準備
- 無花果乾和杏桃乾皆切成7mm方塊備用。
- 柳橙果醬的柳橙切成7mm方塊，放入烤箱以150℃烘烤5分鐘，加熱烘乾。
- 烤箱以140℃預熱。

作法

① 調理盆內放入材料A混合。

② 小鍋子中放入材料B攪拌混合，以中火加熱。沸騰後熄火，倒入步驟①的調理盆。

③ 食材均勻混合，薄薄地鋪在烤盤上。

④ 步驟③放進烤箱以140℃烘烤1小時，溫度下降至120℃，再烘烤1小時（烘烤時要打開烤箱的換氣口。如果沒有換氣口，放入烤箱以140℃烘烤1小時之後，打開烤箱門30秒釋放蒸氣，再以120℃烘烤1小時）。

⑤ 出爐後拿出烤箱，趁熱攪開麥片。冷卻之後，加入蘇丹娜葡萄乾、無花果乾、杏桃乾和柳橙果醬攪拌混合。
　→裝進放有乾燥劑的密封容器可保存1個月左右。

小記
- 材料B沸騰後仔細攪拌，以免燒焦。油脂可以乳化蜂蜜。
- 剛烤好的麥片很軟，放置冷卻之後會變硬，因此分開麥片要趁熱。
- 觀察柳橙果醬的狀況，乾燥至手摸不會沾黏，當心不要燒焦。

香料麥片
＋牛奶、香蕉、藍莓、楓糖

巧克力麥片
＋法式白起士

香料麥片
＋烤大黃

烤大黃

大黃rhubarb（冷凍亦可）—— 300g
砂糖 —— 75g
柳橙皮屑 —— $1/2$顆柳橙的份量
香草莢 —— $1/2$根

準備

・大黃切成約2cm備用。

・烤箱預熱至180℃。

作法

① 香草莢去除種籽，與砂糖和柳橙皮屑一起攪拌
　 混合。

② 托盤放入所有材料後攪拌，放置1小時。

③ 大黃出水後，以鋁箔紙蓋住托盤，放入烤箱以
　 180℃烘烤25分鐘後冷卻。

刀子・叉子・湯匙

我覺得無論是刀叉湯匙或盤子，都要大方使用自己喜歡的餐具，這樣吃起甜點才會更加開心。

如果用起來不會非常不方便，就算有些造形誇張，我也想在日常生活中使用自己覺得美麗的餐具。無論是金屬、木製、陶器或塑膠製品，使用喜歡的刀叉湯匙品嚐甜點時的樂趣也能使味道加分。

Café Lisette所使用的刀叉湯匙都是我和員工慢慢買齊的，而且都是我們覺得很好的商品。有些是國外的古董，也有些是現在市面上販售的銀餐具和不鏽鋼餐具。

店面使用的刀叉湯匙，顏色和形狀各異，例如：刻有字母的銀叉、象牙柄的銳利刀子或大到讓人懷疑放不進嘴裡的湯匙。就連一根刀叉湯匙都有自己的故事，怎麼看都看不膩！

由於刀叉湯匙種類繁多，所以每次造訪都可能用到不一樣的刀叉湯匙。如果有顧客期待「這次會端上什麼樣的叉子呢？」我會非常高興。

無論是料理或甜點，只要把餐點放在盤子上端給顧客，我的工作不只是結束在作完餐點的當下。今後我也想認真思考具備Café Lisette特色的服務，如何帶給顧客美味與視覺的雙重享受。

Meringue

蛋白霜

　　蛋白霜是指將蛋白與砂糖打發而成的點心，分為義式蛋白霜、法式蛋白霜與瑞士蛋白霜。

　　蛋白霜的用途廣泛，可以加入海綿蛋糕使蛋糕膨脹，或避免奶油過膩，可說是西式點心不可或缺的成分。此外，打發至尾巴會立起的蛋白霜，以烤箱烘烤之後，可以直接食用，也能作為蛋糕的裝飾。以下要介紹的是充滿光澤的義式蛋白霜。

蛋白霜
Meringue

蛋白製作而成的乾燥烘焙點心

材料（容易製作的份量）　※蛋素

義式蛋白霜
蛋白 ——— 100g
砂糖 ——— 200g
水 ——— 65g

準備
・烤箱預熱至100℃。

小記
・義式蛋白霜是藉由加熱生蛋白來殺菌；同時加入糖漿確保氣泡穩定，
　不易破碎，可以保持打發的狀態約半天。
・如果不烘烤，義式蛋白霜可用於慕斯或奶油霜，避免味道過膩；帶有
　酸味的甜塔也能藉由味道甘甜的義式蛋白霜來平衡味道。
・注意糖漿的溫度。溫度上升至120℃左右便熄火，並觀察糖漿的狀況。

【失敗例】
○ 糖漿溫度是否過高？→只有部分加熱，會導致糖漿結塊或凝固。
○ 糖漿溫度是否過低？→水分過多會使義式蛋白霜無法呈現光澤。

作法

製作義式蛋白霜

①

小鍋子中放入水與砂糖，以中火加熱。加熱至122℃繼續熬煮，作成糖漿。

②

在熬煮糖漿時，將蛋白放入調理盆，以手持攪拌器快速打發蛋白霜，直至拉起蛋白霜時會立起。

③

步驟②的調理盆中放入加熱至122℃的糖漿，攪拌混合。控制糖漿的份量細如絲線。持續攪拌，直至材料溫度接近肌膚溫度。

烘烤義式蛋白霜

④

徹底打發之後，以湯匙挖起打發的蛋白霜，調整成喜歡的形狀，放在鋪了烘焙紙的烤盤上，以100℃烘烤6至8小時，直至中心徹底乾燥。

78

Meringue de chantilly aux ananas

鳳梨香緹蛋白霜

Meringue de chantilly aux ananas

香緹奶油夾心的蛋白霜

材料（6組）　※蛋奶素

蛋白霜（→P.76）────12個
香草香緹奶油
┌ 鮮奶油（乳脂含量38%）────500cc
│ 香草莢────2根
└ 砂糖────25g

糖煮鳳梨────適量
糖煮萊姆────適量
紅醋栗────適量

作法

① 製作香草香緹奶油。鍋子中放入鮮奶油與對半剖開去籽的香草莢加熱，接近沸騰之前，蓋上蓋子燜5分鐘。

② 步驟①的鍋子放入4℃的冰水，加入砂糖，以打蛋器打發至拉起蛋白霜時會立起，放入1.5cm星形花嘴的擠花袋。

③ 組裝甜點。烤好的蛋白霜，底下塗抹適量的香緹奶油，再夾上另一塊蛋白霜。

④ 將步驟③的蛋白霜豎起來，上面擠滿香緹奶油，放上糖煮鳳梨、糖煮萊姆和紅醋栗裝飾。

糖煮鳳梨
① 鳳梨切成5cm寬的方條備用。

② 鍋子裡加入140g砂糖、10cc檸檬汁、280cc水和半根的香草莢，繼續加熱。

③ 沸騰之後，放入鳳梨。以小火煮5分鐘後，蓋上紙蓋，放置冷卻。建議放進冰箱冷藏一個晚上再享用（容易製作的份量）。

糖煮萊姆
① 萊姆皮的份量為1顆萊姆。白色纖維部分仔細清除後，把皮切絲。步驟②的鍋子煮水沸騰，把萊姆皮燙兩次。

② 另取一個鍋子，放入135g砂糖與100cc水並煮沸，作成糖漿。加入綠色的粉末染色，趁熱浸泡燙過的萊姆皮，蓋上紙蓋，放置一晚。

小記
・蛋白霜擠成6cm程度的橢圓形，撒上適量的椰肉粉烘烤而成。
・香緹奶油中的鮮奶油加熱以增添香氣，因此容易分離。製作重點在於徹底冷卻。鮮奶油加入紅茶、咖啡、香草或香料，便能增添各種香氣，製作更多種香緹奶油。

Vacherin

瑞士蒙多瓦雜酣起士蛋白霜蛋糕
Vacherin

蛋白霜搭配洗式起士的冰涼甜點

材料（直徑15cm的中空圈2個） ※蛋奶素
※雖然作出來是2個，卻是容易製作的份量。

蒙多瓦雜酣起士的法式百匯
蒙多瓦雜酣起士* ——— 450g

〈炸彈奶糊〉*
| 蛋黃 ——— 75g
| 砂糖 ——— 88g
| 香草子 ——— 1根的份量
| 水 ——— 25cc

〈義大利蛋白霜〉
| 蛋白 ——— 125g
| 砂糖 ——— 125g
| B 麥芽糖 ——— 31g
| 水 ——— 63cc

鮮奶油（乳脂含量38%） ——— 313g
檸檬皮 ——— 1/2顆檸檬量

香緹奶油
| 鮮奶油（乳脂含量42%）——— 500g
| 砂糖 ——— 25g

蛋白霜 ——— 適量
黑莓* ——— 適量

<u>準備</u>
・清除檸檬皮的白色纖維後切碎備用。
・本篇食譜使用的蛋白霜（→P.76）可用「日本冷杉的蜂蜜」取代「砂糖與水」來製作，完成份量是2cm×5cm的橢圓形蛋白霜約20個和2片直徑15cm的蛋白霜。

作法

製作蒙多瓦雜酣起士的法式百匯
① 製作義式蛋白霜（→P.76）備用。

② 製作炸彈奶糊。香草籽和88g的砂糖仔細攪拌混合放入小鍋中，再加入25cc水，開火熬煮，製作糖漿。

③ 蛋黃放進調理盆，以手持攪拌器攪拌至變白。步驟①的糖漿加熱至118℃，緩緩倒入調理盆，以中速度打發，直至稍微冷卻且變得濃稠。

④ 蒙多瓦雜酣起士（連皮）以食物調理機處理後過濾。

⑤ 將313g鮮奶油放入調理盆，打發至拉起蛋白霜時會立起。

⑥ 步驟③的炸彈奶糊分成兩次加入步驟④的起士，每次皆以打蛋器徹底攪拌。再放入檸檬皮攪拌混合。

⑦ 義式蛋白霜分成三次放入步驟⑥，每次皆以打蛋器攪拌。

⑧ 步驟⑤打發的鮮奶油分成兩次，放入步驟⑦，以橡膠刮刀大略攪拌，避免壓破氣泡。

⑨ 蛋白霜上放上中空圈，倒入步驟⑧，整平表面，放入冷凍庫徹底凝固。

組裝
⑩ 混合香緹奶油的材料，徹底打發至拉起蛋白霜時會立起，放入1.5cm星形花嘴的擠花袋。從冷凍庫拿出蒙多瓦雜酣起士的法式百匯，稍微加熱中空圈周圍，以便拿起中空圈。
⑪ 烘烤成橢圓形的蛋白霜，內側塗上少許步驟⑩的香緹奶油，等距黏貼於法式百匯的側面。蛋白霜之間的空隙和上方擠上香緹奶油，最後以黑莓裝飾。

Macaron
馬卡龍

　　據說馬卡龍是在16世紀凱薩琳‧德‧梅迪奇嫁入法國皇室時，由義大利傳入法國的甜點。原本是義大利的傳統點心。作法是將杏仁、蛋白和砂糖所作成的蛋白霜擠成圓形後烘焙。兩片表面帶有光澤的馬卡龍殼當中塗抹奶油餡、果醬或甘納許而作成的馬卡龍，稱為「法式馬卡龍」（macaron parisien）。色彩繽紛、口味眾多的馬卡龍，長期以來是大受歡迎的送禮用烘焙點心。

香草馬卡龍
Macaron à la vanille

內餡是味道濃郁的香草口味甘納許

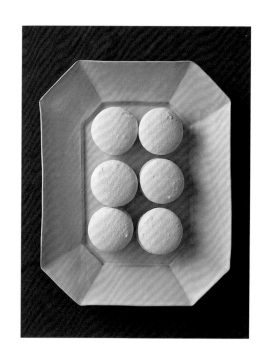

材料（直徑5cm的馬卡龍35個）　※蛋奶素

蛋白霜
- A
  - 杏仁粉 —— 200g
  - 糖粉 —— 200g
  - 香草糖 —— 5g
- 蛋白 —— 75g×2
- 水 —— 50cc
- 砂糖 —— 200g

奶油餡
- 白巧克力 —— 300g
- 鮮奶油（乳脂含量42%） —— 200g
- 香草莢 —— 2根

準備
- 蛋白置於常溫保存，使其變稀。
- ※「蛋白變稀」是指將蛋白置於常溫保存一星期，使其變得不再濃稠。基於衛生，通常用於需要加熱製作的甜點。
- 烤箱預熱至145℃。

小記
- 烘烤時間與完成時間會依烤箱功能而異，請多試幾次以掌握訣竅。
- 濕度高的季節，蛋白霜不易乾燥，可以放久一點。但是空氣乾燥的季節也必須注意，以免蛋白霜過度乾燥。

蛋白霜的作法

①

材料A全部以食物調理機攪拌混合，過篩後移至較大的調理盆，放入75g蛋白，以抹刀混合成泥狀。

②

製作義式蛋白霜（→P.77）。小鍋子中放入水與砂糖，以中火加熱。加熱至122℃，並繼續熬煮，作成糖漿。

③

另取一個調理盆，加入剩餘的75g蛋白，在熬煮糖漿時，將蛋白倒入安裝好攪拌器的攪拌機，在適當時機快速打發蛋白霜，直至拉起蛋白霜時會立起。

④

步驟③的調理盆緩緩倒入糖漿，攪拌混合。控制糖漿的份量細如絲線。持續攪拌，直至材料溫度接近肌膚溫度。

⑤

取步驟③的義式蛋白霜一半，放入步驟①的調理盆中，以抹刀使兩者完全融為一體後，加入剩餘的蛋白霜，如同從底部舉起蛋白霜般大略攪拌。

⑥

以抹刀將步驟④的蛋白霜往調理盆內側表面抹，調整蛋白霜的硬度，直至蛋白霜呈現光澤，垂下如同緞帶。

⑦

蛋白霜放入裝好11mm花嘴的擠花袋，在鋪了烘焙紙的烤盤上擠出直徑3cm的蛋白霜。蛋白霜間需有間隔。

⑧

手輕敲烤盤背面數下，使得蛋白霜平整。

⑨

蛋白霜放置於室溫下，使其乾燥。直至蛋白霜表面出現薄膜，乾燥至輕摸也不會沾黏蛋白霜。

85

⑩

步驟⑨放入烤箱以145℃烘烤10至12分鐘。烘烤完畢之後，連同烘焙紙一起放在蛋糕冷卻架上，從底部噴水霧。

製作奶油餡

⑪

小鍋子中放入鮮奶油與去籽的香草莢，沸騰之後以過濾器過濾，一口氣倒進放了巧克力的調理盆。放置30秒直至軟化。

⑫

打蛋器從中間緩緩攪拌乳化後，放置冷卻至容易擠出的硬度。

完成

⑬

步驟⑩的馬卡龍殼完全冷卻後，輕輕從烘焙紙上取下，將大小相仿的馬卡龍殼配對。

⑭

將奶油餡放入裝好花嘴的擠花袋，在馬卡龍殼上擠出內餡，貼上另一片馬卡龍殼。

Macaron au marron et à l'églantine

栗子野玫瑰果馬卡龍

Macaron au marron et à l'églantine

奶油餡搭配果醬

材料（直徑5cm的馬卡龍約35個）　※蛋奶素

杏仁粉 —— 200g
糖粉 —— 200g
蛋白 —— 150g（＝75g＋75g）

水 —— 50cc
砂糖 —— 200g
濃縮咖啡精華* —— 少許

奶油餡
┌ 栗子泥 —— 200g
│ 奶油 —— 150g
└ 蘭姆酒 —— 5cc

野玫瑰果的果醬 —— 適量

準備
・奶油置於室溫下軟化。
・以145℃預熱烤箱。

小記
・野玫瑰果的果醬是將「野玫瑰果茉莉花果
　醬」（→P.109）的茉莉花茶換成1根香草莢
　製作而成。在此無須水煮，直接將香草加
　入野玫瑰果的果凍即可。

蛋白霜的作法

① 杏仁粉與糖粉一起用食物調理機攪拌過篩，移動至調理盆
　中，加入75g蛋白，以抹刀混合成泥狀。

② 小鍋子中放入水與砂糖，以中火加熱。加熱至122℃並繼
　續熬煮，作成糖漿。

③ 另取一個調理盆，加入剩餘的75g蛋白，一邊緩緩加入步
　驟②，以手持攪拌機攪拌，製作義式蛋白霜（→P.77）。
　冷卻至與肌膚的溫度相同時，加入濃縮咖啡精華以染色。

④ 步驟③的蛋白霜取一半，放進步驟①的調理盆，以抹刀將
　兩種材料融為一體後，加入剩餘的蛋白霜大略攪拌。

⑤ 以抹刀將蛋白霜往調理盆內側表面抹，直至蛋白霜垂下如
　同緞帶。

⑥ 步驟⑤的蛋白霜放入11mm花嘴的擠花袋，在鋪了烘焙紙的
　烤盤上擠出直徑3cm的蛋白霜。手敲烤盤背面數下，使蛋白
　霜平整。

⑦ 放置於室溫下，直至蛋白霜表面出現薄膜，乾燥至輕摸也
　不會沾黏蛋白霜。

⑧ 放進烤箱以145℃烘烤10至12分鐘。

⑨ 烘烤完畢之後，連同烘焙紙一起放在蛋糕冷卻架上，從底
　部噴水霧（可使蛋白霜容易剝離）。

⑩ 製作奶油餡。栗子泥以木杓拌開，分數次加入變軟的奶油
　攪拌，最後加入蘭姆酒攪拌混合。

⑪ 步驟⑩的奶油餡放入裝好花嘴的擠花袋中，在馬卡龍殼內
　側擠出甜甜圈形狀的內餡，
　甜甜圈中間填滿野玫瑰果
　醬，放上另一片馬卡龍殼。

Gâteau macaron à la pistache et aux cerises

開心果櫻桃馬卡龍蛋糕

Gâteau macaron à la pistache et aux cerises

使用馬卡龍蛋白霜製作的圓形蛋糕

材料（直徑18cm的蛋糕1個和直徑5cm的馬卡龍15個）※蛋奶素

馬卡龍蛋白霜

- 杏仁粉 —— 135g
- 開心果 —— 65g
- 糖粉 —— 200g
- 水 —— 50cc
- 砂糖 —— 200g
- 卵白 —— 150g（75g×2）
- 食用色素（綠色）—— 少許

開心果奶油餡

- 奶油 —— 200g
- 生杏仁膏* —— 210g
- 開心果 —— 50g
- 開心果泥 —— 40g

櫻桃白蘭地漬櫻桃 —— 適量

準備

- 開心果奶油餡的開心果大略切碎備用。

作法

① 參考基本的馬卡龍作法（→P.84）製作馬卡龍蛋白霜，義式蛋白霜加入綠色的食用色素。蛋白霜放入11mm花嘴的擠花袋，由中心擠出漩渦狀的蛋白霜。份量為蛋糕用的蛋白霜：18cm×2片；裝飾用的蛋白霜：4cm×30片後烘焙。

② 製作開心果奶油餡。奶油與生杏仁膏調整成相同的硬度後，一同放入調理盆以攪拌器（或打蛋器）仔細攪拌至材料變白。

③ 步驟②的材料加入開心果泥與大略切碎的開心果，攪拌均勻。成品放入裝好花嘴的擠花袋。

④ 步驟①的小馬卡龍殼一半塗上開心果奶油餡，放上一顆櫻桃後貼上另一片小馬卡龍殼。大馬卡龍殼的內側邊緣留下些許空間，其餘擠滿開心果奶油餡，邊緣擺滿櫻桃。

⑤ 櫻桃上擠出剩下的開心果奶油餡，中心的空洞也擠上開心果奶油餡。

⑥ 蓋上另一片大馬卡龍殼，以開心果奶油餡固定適量的櫻桃與小馬卡龍裝飾。

小記

- 綠色食用色素經烘烤後，顏色多少會變淡，添加時最好染深一點。
- 放在冰箱冷藏一晚，使奶油餡與蛋白霜融為一體，會比剛作好時更加美味。
- 櫻桃白蘭地漬櫻桃使用的是法國櫻桃作成的白蘭地漬櫻桃。在此櫻桃白蘭地是Val d'ajol公司的商品，在白蘭地中大量加入法國東北部富日羅勒產的櫻桃製作而成。

Coupe de pêches

桃子甜點杯
Coupe de pêches

以馬卡龍裝飾的桃子聖代

材料（4人分） ※非素

桃子布丁
- 白桃 —— 300g
- 鮮奶油（乳脂含量42%） —— 40cc
- 牛奶 —— 150cc
- 砂糖 —— 45g
- 吉利丁 —— 5g

糖煮桃子 —— 4個

番紅花馬卡龍 —— 4個
原味優格 —— 適量
香草冰淇淋 —— 適量
香緹奶油（→P.81） —— 適量
木莓和薄荷葉 —— 各適量

準備

- 請依照商品說明將泡開吉利丁。
- 優格放在鋪了濾布的網篩上，放置一晚以瀝乾。

作法

①製作桃子布丁。白桃剝皮對半切，一半切成薄片，剩下的另一半以果汁機打成泥狀。

②桃子泥與砂糖一同放進小鍋子裡加熱，加熱完成後加入泡開的吉利丁，鍋子放進冰水稍微冷卻。

③稍微冷卻後，放入桃子片、鮮奶油與牛奶。鍋子繼續浸在冰水裡，攪拌鍋子裡的材料直至變得濃稠，倒入容器，放入冰箱冷藏凝固。

④聖代用的玻璃杯裡依序放入瀝乾的優格、桃子布丁、冰淇淋、香緹奶油、糖煮桃子、木莓和番紅花馬卡龍，最後以薄荷點綴。

91

糖煮桃子

①鍋子裡放進剝好皮的白桃（桃子皮上切十字，以熱水燙過，即可輕易剝去外皮）、500cc水、120g砂糖、50cc白酒、1顆檸檬份量的檸檬汁、1片月桂葉、一根香草莢和60g的紅醋栗，開火加熱。

②沸騰後調整火力，維持表面滾動的狀態，一邊清除雜質，熬煮約5分鐘。蓋放紙蓋，放置冷卻（成品共4顆桃子）。放進冰箱冷藏可保存3至4天。

小記

- 白桃容易變色。製作桃子布丁時，要使用白桃時再切開。
- 番紅花馬卡龍的作法可參考香草馬卡龍（→P.84）。在蛋白霜中加入黃色食用色素染色，將內餡的香草換成1g的番紅花。

歡迎光臨 Café Lisette

從想作甜點到真的學會作甜點，不知已經過了多久。

現在每天都能作自己喜歡的事情，真的覺得很幸福。想到我的甜點連結了店面，店面裡有吃我作的甜點的客人，總覺得很不可思議。

聽到員工說「前幾天客人說了這種話」或「顧客提出要求」，總會沒來由地緊張，發覺自己還沒習慣傾聽顧客的聲音。另一方面，我也感受到Café Lisette是因為顧客才得以存在。所以有時候我會在與顧客的對話中，找到新菜單的靈感，同時也能提供顧客更多享受Café Lisette的方法，希望能與顧客共享各種樂趣。

我的理想是當顧客說「我去Café Lisette吃過飯了」時，聽者會回答：「真好。」希望顧客前來Café Lisette不是懷抱刻意上館子的心情，而是在日常生活中稍微享受一些美味的食物。

同時我也希望Café Lisette對於每一位顧客都有意義，所有人都能在此感到滿足。女性顧客單獨前來不會感到寂寞；男性顧客散步到店裡，坐在露臺的座位，一手拿著咖啡讀報，度過悠閒時光……

兼顧所有人的喜好很難，但是我希望至少今後可以貼近更多顧客的需求。

Kouglof sucré

Kouglof

奶油圓蛋糕

　　奶油圓蛋糕是以奶油圓蛋糕模烘焙的發酵甜點，源自法國阿爾薩斯地區。阿爾薩斯鄰近德國，受到德國文化影響，傳統為啤酒酵母發酵烘焙。此外，阿爾薩斯地區習慣在星期天早晨烘焙奶油圓蛋糕而廣為人知。里博維萊當地甚至每年舉辦「奶油圓蛋糕節」，可見奶油圓蛋糕在當地受歡迎的程度。據說瑪麗安東尼皇后也很喜歡這道甜點。

甜奶油圓蛋糕
Kouglof sucré

阿爾薩斯地區的發酵甜點

材料（直徑20cm的烤模1個）　※蛋奶素

高筋麵粉 ——— 250g

生酵母* ——— 13g

牛奶 ——— 90cc

鹽 ——— 1.25g

蛋 ——— 2顆

砂糖 ——— 50g

發酵奶油 ——— 125g

葡萄乾 ——— 250g

櫻桃利口酒 ——— 30g

去皮杏仁、糖粉 ——— 各適量

準備

- 加熱至與皮膚溫度相當的牛奶慢慢倒入生酵母中，以打蛋器慢慢攪拌打發。
- 烤模塗抹大量奶油（份量外），烤模底部凹陷的部分放入一顆顆杏仁備用。
- 葡萄乾放入櫻桃利口酒中，浸泡約1小時。
- 奶油置於室溫下軟化。

※ 製作順序中的照片採用直徑25cm和20cm的烤模。

小記
- 奶油圓蛋糕是法國阿爾薩斯地區的發酵甜點，發酵時間依溫度而異。
  冬天的發酵時間長，夏天發酵時間短，必須依照麵團的狀況判斷。

作法

①

調理盆中倒入生酵母、牛奶及180g高筋麵粉，搓揉麵團。預備發酵約1小時，等待麵團膨脹至兩倍大。

②

剩餘的70g高筋麵粉、鹽和麵粉混合，倒入步驟①的調理盆中稍微搓揉，加入蛋液繼續搓揉。

③

以抹刀將麵團從調理盆移至作業檯。耐心反覆雙手握扁麵團後，以抹刀刮起麵團，再摔到作業檯上的動作。

④

麵團不再沾黏作業檯或手時，加入奶油，重複步驟③直至麵團延伸時不會斷掉。

⑤

麵團出現光澤與彈性後，加入用櫻桃利口酒醃漬過的葡萄乾，攪拌均勻。

⑥

步驟⑤的麵團放回調理盆中，蓋上保鮮膜，放置1小時，等待麵團發酵膨脹至兩倍大。

⑦

步驟⑥的麵團放在撒了手粉的作業檯上，輕壓調整成甜甜圈形狀後，放入準備好的烤模中。

⑧

蓋上擰乾的濕布，發酵約75分鐘，麵團膨脹成兩倍大即可。烤箱預熱至180℃。

⑨

烤模放入烤箱，以180℃烘烤約40分鐘。出爐後拍打烤模底部，取出奶油圓蛋糕，放在蛋糕冷卻架上稍微冷卻後撒上糖粉。

Kouglof salé

鹹奶油圓蛋糕
Kouglof salé
布莉歐麵團作的鹹麵包

材料（直徑20cm的烤模1個）　※非素

布莉歐麵團

A
- 高筋麵粉 —— 252g
- 低筋麵粉 —— 28g
- 速發乾酵母 —— 3.5g
- 鹽 —— 5g
- 砂糖 —— 34g

牛奶 —— 110g
水 —— 55g
蛋 —— 1顆
奶油 —— 30g

配菜
- 培根（切成長條） —— 200g
- 橄欖（綠橄欖與黑橄欖） —— 各15g
- 杏仁 —— 50g
- 開心果 —— 10g
- 黑胡椒 ——— 1g

準備
· 烤模先行塗抹大量的奶油備用。

作法

① 準備配菜。培根稍微炒過，吸除油脂。兩種橄欖去籽切半，黑胡椒磨成大塊備用。

② 準備布莉歐麵團。牛奶與水加熱至肌膚的溫度，與蛋攪拌混合。

③ 材料A放入調理盆，加入步驟②的蛋液，以加上鉤子的攪拌器（或手）攪拌混合。

④ 搓揉麵團直至麵團不會沾黏調理盆後，加入軟化的奶油，再次搓揉麵團至不會沾黏調理盆。

⑤ 揉好之後，修飾成圓形，蓋上擰乾的濕布，發酵約75分鐘。

⑥ 麵團膨脹成兩倍大時，加入步驟①的配菜攪拌均勻。

⑦ 在步驟⑥的麵團上蓋上擰乾的濕布，放置30分鐘。

⑧ 麵團重新搓揉，調整成甜甜圈形，放入準備好的烤模中。蓋上擰乾的濕布，最後發酵約80分鐘。烤箱預熱至160℃。

⑨ 等到麵團膨脹成兩倍大時，放進烤箱以160℃烘烤約40分鐘。

⑩ 出爐後倒出烤模，放在蛋糕冷卻架上冷卻。

小記
· 略帶甜味的布莉歐麵團搭配鹹料和堅果，變成可以當作正餐享用的奶油圓麵包。麵團加入培根和炒透的洋蔥也很美味。

Kouglof grillé & Thé aux épices

奶油圓蛋糕薄片 橙花與紅茶口味的巴黎薄片
Kouglof grillé

材料（容易製作的份量） ※蛋奶素

奶油圓蛋糕（→P.98） —— 適量
糖漿
| 水 —— 200cc
| 砂糖 —— 100g
| 伯爵茶 —— 7g
| 柳橙花水* —— 25cc

準備

· 烤箱預熱至120℃。

作法

① 奶油圓蛋糕切成5mm的薄片，放在冷卻架上乾燥半天。

② 製作糖漿。小鍋子中放入水和砂糖，以中火加熱。沸騰之後，加入伯爵茶的茶葉，蓋上蓋子燜5分鐘。

③ 過濾步驟②後，加入柳橙花水，稍微冷卻。

④ 乾燥好的奶油圓蛋糕輕輕拍上步驟③的糖漿，放進120℃的烤箱烘烤約30分鐘。

小記

· 以奶油圓蛋糕製成的巴黎薄片。
· 塗抹過多糖漿會延長乾燥的時間，成品也會變硬。因此塗抹糖漿時須要特別注意。

香料奶茶 香料口味的奶茶
Thé aux épices

材料（約400cc） ※奶素

煮茶用的紅茶 —— 18g
紅糖 —— 25g
水 —— 150cc
牛奶 —— 400cc
肉桂 —— 1根
白豆蔻 —— 1粒
月桂葉 —— 1片
肉豆蔻 —— 1/3粒
黑胡椒 —— 5粒

準備

· 肉豆蔻以菜刀大略切碎，白荳蔻和黑胡椒以瓶子底部等工具輕輕壓碎。
· 肉桂棒折半。

作法

① 小鍋子裡倒入牛奶以外的所有材料，進行加熱。

② 步驟①沸騰後，持續熬煮3分鐘。

③ 從爐子上拿下鍋子，蓋上蓋子燜3分鐘。

④ 牛奶倒入步驟③中，以小火再次緩緩加熱沸騰。

⑤ 沸騰之後過濾一次，想喝冰奶茶可在此時將鍋子放入冰水冷卻。

小記

· 除了阿薩姆紅茶或烏瓦紅茶等適合牛奶的紅茶之外，也可以搭配水果類的花草茶，例如瑪黑兄弟茶（Mariage Frères）的馬可波羅（Marco Polo）。

104

Pain perdu & Chocolat chaud

奶油圓蛋糕的法式吐司　加了許多蛋的法式吐司
Kouglof pain perdu

材料（容易製作的份量）　※蛋奶素

剩餘的奶油圓蛋糕（→P.98）—— 適量
（約 $\frac{1}{4}$ 個）

蛋 —— 2顆
鮮奶油（乳脂含量42%）—— 50cc
牛奶 —— 50cc
蘭姆酒 —— 5cc
二號砂糖 —— 15g
香草莢 —— $\frac{1}{4}$ 根

奶油 —— 適量

作法

① 香草莢對半剝開、去籽，與二號砂糖仔細攪拌備用。

② 調理盆中打2顆蛋打發，加入步驟①仔細混合。再加入鮮奶油、牛奶和蘭姆酒，攪拌混合。

③ 切片的厚奶油圓蛋糕兩面皆浸泡攪拌好的蛋液，直至圓蛋糕中心也滲入蛋液。

④ 平底鍋加熱奶油後，放入步驟③的圓蛋糕，以小火慢慢加熱至圓蛋糕中心完全熟透。

小記
・這道法式吐司是利用剩餘的奶油圓蛋糕。若以大火快速加熱，會導致表面烤焦，內側卻沒有熟透，因此必須緩緩加熱。可依喜好搭配果醬或香草香緹奶油。

熱可可　濃郁香醇的熱可可
Chocolat chaud

材料（2杯）　※奶素

牛奶 —— 250cc
鮮奶油 —— 50cc
調溫巧克力 —— 100g（可可成分66%）
香草莢 —— $\frac{1}{2}$ 根

香緹奶油（→P.81）—— 適量
調溫巧克力 —— 適量

準備
・調溫巧克力切碎備用。

作法

① 小鍋子中放入牛奶、鮮奶油和對半剝開、去籽後的香草莢，加熱沸騰。

② 步驟①完成後，倒入裝了調溫巧克力的調理盆，稍微放置後以打蛋器攪拌均勻。

③ 步驟②倒回小鍋子裡，一邊以橡膠刮刀攪拌，一邊以小火加熱至濃度變濃。

④ 變稠之後過濾一次，想喝冰可可可在此時將鍋子放入冰水冷卻。

⑤ 步驟④倒入杯中，盛放少許香緹奶油，撒上切碎的調溫巧克力。

小記
・相同作法到最後冷卻了便是冰可可，加熱便是熱可可。

Confiture de rhubarbe à la vanille, Confiture d' églantine au jasmin
Marmelade d' orange au whisky, Gelée au cassis et au pastis
Marmelade au cassis

大黃香草果醬

Confiture de rhubarbe à la vanille

使用果醬製成的基本果醬

材料（容量200cc的瓶子約4個）　※全素

大黃rhubarb（冷凍）* ── 500g
砂糖 ── 425g
檸檬汁 ── 1/2顆檸檬量
香草莢 ── 1/2根

108

小記
・從爐子上拿下鍋子之前，先把少許果醬放在盤子上觀察濃稠的
　程度。

作法

①

剝開香草莢，去籽，加入砂糖
攪拌混合。

②

所有材料放入調理盆攪拌混
合，放置1小時。

③

砂糖變濕之後，將調理盆中所
有材料放入鍋中，以中火加
熱。沸騰後調整火力，維持表
面滾動的狀態。一邊清除雜
質，一邊以木杓攪拌，避免燒
焦。熬煮約5分鐘。

④

從爐子上拿下鍋子，趁熱倒入
消毒好的瓶子裡。蓋上蓋子
後，倒置保存。
→未開封的狀態可以冷藏保存
1個月。

野玫瑰果茉莉花果醬

Confiture d' églantine au jasmin

沾染茉莉花茶香氣的果醬

材料（容量200cc的瓶子7個）　※全素

野玫瑰果果凍* ——— 1kg
砂糖 ——— 900g
檸檬汁 ——— 1顆檸檬量
茉莉花茶（茶葉）——— 40g
水 ——— 300cc

<u>準備</u>

・小鍋子中放入水與茉莉花茶葉，開火加熱。沸騰後蓋上蓋子燜3分鐘。

作法

①鍋子中放入野玫瑰果的果凍、砂糖和檸檬汁，倒入煮好的茉莉花茶以中火加熱。

②沸騰後調整火力，維持表面滾動的狀態，一邊清除雜質一邊以木杓攪拌，避免燒焦。熬煮約5分鐘後，取少量果醬放在盤子上觀察是否黏稠。趁熱裝入已消毒的瓶子裡。
→未開封的狀態可以冷藏保存一個月。

<u>小記</u>

・砂糖多容易燒焦，以木杓攪拌鍋底以免燒焦。
・野玫瑰果的果凍改以生無花果或杏桃代替也很美味。如果改用水果作果醬，水果以砂糖與檸檬汁涼拌後，放到出水再放入鍋中加熱。

威士忌柑橘醬

Marmelade d' orange au whisky

連同柳橙皮一起長時間熬煮的柑橘醬

材料（容量200cc的瓶子8個）　※酒素

柳橙 ——— 1kg
砂糖 ——— 合計900g
（180g＋360g＋360g）
水 ——— 1250cc
檸檬汁 ——— 1顆檸檬量
威士忌 ——— 40cc

作法

①柳橙對半縱切，去除蒂頭後削成1mm厚的薄片。

②調理盆放入切好的柳橙、水和檸檬汁，蓋上保鮮膜放置於室溫一個晚上。

③步驟②放入鍋子裡，以中火加熱。沸騰後調整火力，維持表面滾動的狀態一邊清除雜質，熬煮約30分鐘。

④鍋子裡加入180g的砂糖，沸騰後熬煮15分鐘→加入360g砂糖攪拌，沸騰後熬煮10分鐘→加入剩下的360g砂糖，沸騰後熬煮10分鐘

⑤最後觀察果醬的濃稠程度。如果夠濃稠，便加入威士忌。沸騰後熄火，趁熱倒入消毒好的瓶子裡。儘量放滿果醬至瓶口，以免空氣進入。蓋上蓋子後，倒置保存（果醬的餘溫可以消毒瓶蓋內側）。
→未開封的狀態可以冷藏保存1個月。

法國茴香酒黑醋栗果凍
Gelée au cassis et au pastis

利用果膠凝固的果凍

材料（容量200cc的瓶子約4至5個） ※酒素

黑醋栗(冷凍) ——— 800g
水 ——— 100cc
砂糖 ——— 500g
檸檬汁 ——— $\frac{1}{2}$顆檸檬量
法國茴香酒* ——— 15cc

小記
・黑醋栗柑橘醬
　紅酒（份量為黑醋栗榨汁後的殘渣重量的20%）、砂糖（殘渣重量的80%）和適量的檸檬汁（殘渣重量的500g，約$\frac{1}{2}$顆檸檬）放入鍋子裡，以中火加熱。煮沸後去除雜質，再熬煮約5分鐘即大功告成。

作法

鍋子中放入黑醋栗和水，以中火加熱。沸騰後蓋上蓋子，改以小火加熱5分鐘，直至黑醋栗果實裂開滲出果汁。

②

篩子放在調理盆上，將步驟①的果汁以木杓輕輕擠壓，倒進篩子過濾。

③

黑醋栗榨汁後的殘渣以擰乾的濕布包裹，用力扭擠兩端，徹底擠出的果汁加進步驟②。

④

鍋子裡加入步驟③的果汁、砂糖與檸檬汁，以中火加熱沸騰後，以木杓攪拌再加熱5分鐘。加熱時產生的雜質必須清除。

⑤

最後加入法國茴香酒，再次加熱至沸騰後熄火。趁熱倒進殺菌好的瓶子裡→未開封的狀態可以冷藏保存1個月。

LIBECO的Confiture

比利時家飾品的頂級品牌LIBECO HOME的廚房織品，Confiture便是法文的果醬。原本Confiture是用來過濾果醬使用的織品，面積較大，網眼較粗。

奶油圓蛋糕&
黑醋栗美乃滋總匯三明治

威士忌柑橘醬
胡蘿蔔沙拉

黑醋栗柑橘醬
×煎里肌

作法

奶油圓蛋糕&黑醋栗美乃滋總匯三明治

黑醋栗果醬（→P.110）與適量的美乃滋混合，作成
黑醋栗美乃滋。三片奶油圓蛋糕以烤箱烤過，塗
上黑醋栗美乃滋。圓蛋糕之間夾入蒸雞肉、烤得
脆脆的培根、番茄和喜歡的香草。

威士忌柑橘醬胡蘿蔔沙拉

威士忌柑橘醬（→P.109）、法式吐司、鹽、胡椒、
白酒醋、橄欖油混合調成醋酸醬，用來涼拌蘿蔔
絲。最後撒上炒松子與白芝麻。

黑醋栗柑橘醬×煎里肌

豬里肌去筋，兩面撒上胡椒鹽和麵粉。平底鍋塗
抹奶油後，放入豬里肌加熱至熟透。平底鍋取出
豬肉，倒入白酒熬煮，加入奶油使醬汁乳化。醬
汁內加入新鮮的百里香與燙熟的栗子，將醬汁淋
在豬肉上。茼蒿、菊苣撕成小片，以野玫瑰果醬
（→P.109）、橄欖油、粒狀黃芥末醬、檸檬、鹽與
胡椒所製成的醬汁涼拌。食用時佐以法式芥末醬
和黑醋栗柑橘醬（P.110）。

112

Coupe aux marrons

栗子甜點杯

Coupe aux marrons

栗子蛋糕作成甜點杯

材料（1人份）　※奶素

栗子奶油（→P.87）—— 適量

野玫瑰果果醬（→P.109）—— 適量

法式白起士* —— 適量

香奶冰淇淋和香緹奶油（→P.81）—— 皆適量

甘草蛋白霜 —— 適量

栗子果醬（市售品）—— 適量

香草莢 —— 適量

作法

①聖代用玻璃杯底鋪上野玫瑰果果醬。

②依序放入法式白起士、香草冰淇淋、香緹奶油和栗子果醬。

③香緹奶油上貼滿甘草蛋白霜，放上栗子果醬，加上香草莢裝飾。

小記

・栗子甜點杯是以栗子蛋糕作成聖代的甜點。如果買不到甘草，可以香草蛋白霜代替。

・使用以糖漿醃漬整顆栗子所作成的栗子果醬，栗子奶油和栗子果醬都可以在材料行購買。

・甘草蛋白霜是在基本的蛋白霜（→P.76）加入5g的甘草粉，以11mm花嘴的擠花袋將蛋白霜擠成棒狀，稍微冷卻之後，再以刀刃為波浪狀的菜刀切割。寬度為1cm。

茴芹乾花色小甜點
+
果仁糖

鋪滿咖啡口味的核桃果仁糖&楓糖口味的美國山核桃果仁糖，再放上茴芹乾花色小甜點。果仁糖則是將核桃與美國山核桃分別淋上糖漿，一邊糖化所製成的。

蛋白霜＋柳橙&法國茴香酒方塊餅
+
堅果脆餅

鋪滿正方形的堅果脆餅後看起來像是石板。脆餅上放上柳橙&法國茴香酒方塊餅與蛋白霜，如同石板路上擺設雕塑。

果醬眼鏡酥餅
+
果仁糖

鋪滿核桃與美國山核桃的果仁糖，放上果醬眼鏡酥餅。注意甜點的配色，便能完成美味的盛盤。

三種馬卡龍

擺滿香草馬卡龍、番紅花馬卡龍、香料糕餅與巧克力馬卡龍（擠好蛋白霜後撒上香料糕餅的粉後烘焙，內餡為甘納許與黑醋栗果凍）。

堅果脆餅
+
香料糕餅

堅果脆餅排成圓圈，如同柵欄。
加上小豬擺飾和綠意，打造牧場
風。看起來像土的部分為香料糕
餅，柵欄周圍鋪設果仁糖。

三種圓石餅

交互擺放圓石餅就能呈現華麗的
氛圍。建議品嚐順序為藍起士酥
餅、焦糖夏威夷堅果，最後是香
草酥餅。

柳橙&法國茴香酒方塊餅

鋪好綠葉之後，疊放4至5片方塊
餅，排成格子狀。擺放方式會影
響印象。

桃子口味的皇家基爾

玻璃杯中倒入100cc香檳與10cc
桃子利口酒，加入紅醋栗沉至杯
底，最後放上香草。色彩鮮豔，
適合於派對上享用。

Café Lisette的食材

香草莢（香草籽）

香草莢產地眾多，例如大溪地。本書使用容易購買又便宜的馬達加斯加香草莢，半數的甜點都使用了香草莢。添加大量的香草籽，甜點呈現香草的自然香味。

甜菜糖

甜菜糖是從甜菜所提煉的砂糖。味道濃郁，質地濕潤，加入甜菜糖的點心也會因此變得濕潤芬芳。用於增添甜點的香氣或顏色。

紅糖

從甘蔗所提煉的未精製砂糖。顏色為咖啡色，帶有如同蘭姆酒的優雅甘甜香氣，可增加甜點深度與優雅。

香草糖

帶有香草味的砂糖，香氣溫和自然。雖然市面上也有現成的香草糖，敝店則是自行製作（取出香草籽的香草莢乾燥後，加入砂糖一起以研磨機磨碎。無法磨碎的部分過篩清除）。

四種堅果

・美國夏威夷堅果

特徵是脆硬的口感，沒有怪味，份量多，多半用於為口感增添變化。本書用於焦糖夏威夷堅果（P.69）與麥片（P.66）。

・西西里島開心果

我喜歡用香氣與滋味皆優的西西里島開心果。味道濃郁芳香的烘焙點心使用烘烤過的開心果泥；沒有烘烤過的開心果泥呈現美麗的綠色，可以用於慕斯，為慕斯增添色彩。

・法國Grenoble核桃

敝店採用法國Grenoble的核桃，口感濕潤，帶有甘甜木香。特徵是滑潤的油脂和些許澀味。除了搭配咖啡、焦糖與巧克力，也適合搭配蘋果。

・義大利榛果

烘焙之後帶有甘甜的香味。剝除澀皮後可用於莓類的果醬或搭配巧克力。熱內亞麵包或費南雪稍微加入一點義大利榛果，可以增添味道的深度。

杏仁

・Marcona杏仁

西班牙產的杏仁，特徵是形狀扁平。品質優良，號稱「杏仁界的女王」。除了杏仁原本的香氣之外，香氣濃郁甘甜。分為帶皮和去皮的杏仁，本書則是使用去皮的杏仁。

・杏仁粉

我喜歡用風味與香味都好的西西里島產的粗杏仁粉，通常用於樸素的烘焙點心和強調香味。因為富含油脂，比起只用麵粉的麵糊更加濕潤和甘甜。

・杏仁膏

杏仁與砂糖用滾輪滾過的膏狀泥，用於Marcona杏仁作的生杏仁膏。富含油脂，加入磅蛋糕可使磅蛋糕變得更加濕潤與甘甜。

・杏仁片

敝店使用美國產的杏仁片。加進麵糊一起烘焙，使用生的杏仁片；如果裝飾表面或不再加熱的部分則先行烘烤。

低筋麵粉（法國產）

・Farine de Patisserie

法國產的業務用麵粉，可以享受小麥原有的味道與風味。敝店多數的烘焙點心都使用Farine de Patisserie的麵粉製作。

・Farine Tradition Française

製作麵包或發酵甜點時，作為高筋麵粉使用。

發酵奶油

乳脂加入乳酸菌發酵而成的奶油。略帶酸味，香氣芬芳。我喜歡用的日本發酵奶油是香氣如同法國發酵奶油般濃郁的明治發酵奶油；法國的發酵奶油則推薦LESCURE和ECHIRÉ。

巧克力與白巧克力

・黑巧克力（可可成分66%）

法國VALRHONA公司的調溫巧克力。滋味豐富，富含果香，不需切碎也能迅速溶解，使用方便，無論是烘焙點心或熱可可皆能使用。

・白巧克力 （可可成分35％）

法國VALRHONA公司製作的白巧克力。牛奶與砂糖的比例恰到好處，特徵是纖細的香氣與滑順的口感，直接吃也很好吃。香草馬卡龍（P.84）的甘納許中也添加了白巧克力。

山蜂蜜 & 日本冷杉蜂蜜

・山蜂蜜

法國Apidis公司的百花蜜（採集多種植物的花蜜所製成的蜂蜜）系列當中的一種。顏色淡黃，口感綿密。香氣濃厚沉重，結晶纖細，餘韻清爽。本書用於蘋果酒（P.67）。

・日本冷杉蜂蜜

這不是花蜜，而是利用樹液製成的蜂蜜，富含礦物質和樹木的清香。本書用於蜂蜜餅乾（P.57）和起士蛋白霜蛋糕的蛋白霜（P.80）。

Café Lisette的工具

木杓

攪拌奶油等固體、不想壓破泡泡或一邊攪拌材料，一邊加熱時使用。浸水後再使用，比較不會沾染材料的味道。依照材料份量，選擇木杓的尺寸。

打蛋器

打發蛋或奶油和想將空氣打進麵糊時使用，我喜歡的是法國Matfer公司的打蛋器。

中空圈（方形與圓形）

用途多樣，可用於製作塔或熱內亞麵包等烘焙點心和倒入慕斯成型。

刨絲器

萬能切削器，和磨泥器的差別在於刨絲器的功能是「削取」。因此可以保持水分和油分，切削檸檬皮和肉豆蔻。也能刨削出蓬鬆的巧克力和起士。

銅鍋

傳熱性能高，外表也美觀。熬煮果醬時會產生酸，因此必須使用銅鍋代替鋁鍋。使用後必須完全擦乾，避免生鏽。使用份量1:1的鹽與醋混合來研磨，效果很好。

彎形抹刀＆抹平刀

彎形抹刀從側面看來是L形，便於在烤好的點心或蛋糕上移動。平平的抹平刀用途萬能，便於在甜點上塗抹奶油，也能用於所有小東西上。

漏斗

過濾液體的工具。使用漏斗清除蛋液的繫帶和牛奶的奶皮等多餘的成分，可以改善口感。

刮板

形狀與厚度依照廠商不同而異，敝店使用的是法國Matfer公司的刮板。強韌有彈性，可以完美地沿著調理盆的形狀刮。無論是清除檯面、切割食材、攪拌或刮除都能派上用場。

矽膠烤盤墊＆細網矽膠烤盤墊

・矽膠烤盤墊（Silpat）
烘烤前鋪在烤盤上，可以避免麵糊沾黏，烘烤得也比較平均。此外，放置冷卻焦糖堅果時和以擀麵棍擀平甜酥皮或餅乾麵糊時也很方便。烤盤墊可清洗反覆使用。

・細網矽膠烤盤墊（Silpain）
細網矽膠烤盤墊是法國製的多功能烤盤墊。烤盤墊底部為網狀，不僅可以直接傳遞熱能，多餘的油分也會從網狀部分流下。成品口感酥脆，適合用於餅乾和酥餅。

花嘴＆擠花袋

馬卡龍和擠花餅乾等烘焙點心使用布製的擠花袋；鮮奶油和甘納許等材料從衛生觀點考量，應使用拋棄式的擠花袋。花嘴也有各種款式，敝店經常使用11mm和15mm的圓形花嘴。

刨刀

機能與設計兩者兼具的優秀刨刀，不僅可以用於水果和蔬菜，也能用於巧克力和硬起士。此外，可以利用刨刀角度調整厚度，也能利用刨刀尖端去除蘋果蒂和馬鈴薯的芽眼。

奶油圓蛋糕模

烘焙奶油圓蛋糕用的烤模，烤模上有彎曲的溝槽。烘焙成品根據烤模材質不同而異，可以依喜好挑選。敝店使用的是法國Matfer公司的烤模、蘇夫勒南窯製的烤模和古董的陶模等。

陶模

傳遞熱能的效果較差，但是特徵是可以緩慢平均地加熱，不容易烘焙不均。敝店用於需要花時間烘焙口感濕潤的點心。

塔圈

沒有底的塔模。敝店使用的是法國Matfer公司的鍍錫塔皮圈，底部鋪上細網矽膠烤盤墊，可以完成酥脆的甜酥塔皮。

蛋糕模

這種蛋糕模比磅蛋糕模更深。敝店使用的是法國Matfer公司的鍍錫塔皮圈，用於烘焙磅蛋糕和布莉歐。

水果刀

切水果或切削蛋糕體時很方便。建議使用自己用慣的水果刀，定期研磨才能保持刀刃銳利度。

切模

主要使用法國Matfer公司的Exoglass（Matfer公司開發的特殊塑膠）材質製的切模，備妥各種尺寸的圓形切模比較方便。

毛刷

主要使用豬毛製的4cm寬的毛刷，使用完畢後要徹底洗淨晾乾。

「Café Lisette的甜點」術語集

茴芹子
原產於希臘等地中海地區的傘形科香草，
特徵為甘甜的香氣，也可使用八角代替。

桃子利口酒
除了製作甜點，也能用於雞尾酒。

蛋奶液
混合事前準備的材料所作成的液態塔皮。

杏仁卡士達奶油
卡士達醬與杏仁奶油混合而成的奶油，可
用於國王派等甜點。

瑞士蒙多瓦雜酥起士
橫跨法國與瑞士的山脈地區所製作的傳統
洗式起士。

鏡面淋醬
意指使用充滿光澤的糖衣包覆甜點表面。

柳橙花水
柳橙花苞以水蒸氣蒸餾而作出的一種萃取
液。香氣華麗清爽，南法與中東等地製作
甜點時經常使用。

杜松子
原產於歐洲的柏科植物刺柏的果實，紫黑
色的小果實乾燥後可作為辛香料。特徵是
具有類似松脂的香味。

124

可可碎
可可豆烘焙後壓碎，清除外皮與胚芽後所
剩下的部分。口感酥脆，味道略苦，毫無
甜味。

濃縮咖啡精華
法國製的濃縮咖啡精華。

調溫巧克力
可可脂含量高、用於製作甜點的巧克力，
主要用於包覆與裝飾。油脂含量高，容易
流動，溶化後調整溫度也容易。

鏡面果膠
用於添加甜點光澤的透明果凍，市面上亦
有販售。顏色又分金色（blond，深色）、
自然（nature，透明）、紅色（rouge）等
等，可依照用途挑選。

糖衣
砂糖加水溶化而成，主要用於製作覆蓋甜
點的糖衣。有時會加入檸檬等果汁或利口
酒以增添風味。

生酵母
用於凝固酵母。可發酵，性質安定，使用
方便。保存日期不長，需要冷藏保存。一
般家庭多半使用速發乾酵母。使用速發乾
酵母代替生酵母時，份量改為三分之一。

野玫瑰果泥
野玫瑰果乾燥後以熱水燙過，以石臼反覆研磨作成野玫瑰果泥。經常用於料理、果醬、甜點、糖果和冰沙。

法國茴香酒
法國產的利口酒，茴香的甜味濃郁，口味獨特，在法國經常用於餐前酒。

鏡面巧克力
用於包覆甜點表面的巧克力。

炸彈奶糊
一種作甜點的基本奶油，可用來作巴伐利亞奶油或慕斯。

杏仁膏
杏仁乾燥後加上糖漿，結晶後磨成泥。也能用於雕塑裝飾。杏仁與砂糖的比例為1:1，口味偏甜。

生杏仁膏
生杏仁與砂糖（一般比例為2:1）一起用滾筒壓扁成泥。經常用於烘焙點心。

糖霜
fondant在法文中意指「彷彿會在口中溶化」，同時也是覆蓋甜點或麵包的砂糖糖衣。水、砂糖和麥芽糖一起熬煮冷卻後，馬上揉捏成白色奶油狀。市面上也有賣泥狀的糖霜，可加入糖漿稀釋使用。

法式白起士
法國的新鮮起士，味道如同濃郁的優格，特徵為奶香與恰到好處的酸味。如果沒有法式白起士，可以瀝乾水分的原味優格代替。

瑪黛茶
南美洲的茶品，富含礦物質與維他命，因此又稱為「喝的沙拉」。特徵為香氣濃郁和味道略苦。

黑莓
敝店使用的是法國產的冷凍黑莓。

大黃（rhubarb）
原產於西伯利亞地區的蓼科植物，日本稱食用大黃。特徵為明顯的酸味和獨特的香氣，歐美各地皆有栽培，用於果醬、果汁、派或醬料都受到喜歡。近年來，日本也有部分地區開始栽培。

結語

　　進入Café Lisette接觸顧客之前，我都是憑主觀意識製作甜點。關於甜點，我覺得好吃才是最重要。

　　但是，現在我的想法出現了些許的改變。

　　甜點不僅是用於自己獨享，也重於與他人分享。同時我也發現食物會因為有人共享而更加美味。

　　作甜點的動力往往在於「與人分享美味和快樂」，例如：想和喜歡的人一起享用、為了朋友作甜點或想作給孩子吃……

　　《Café Lisette經典甜點手札》一書充滿各種人的喜好，集結了至今遇過的所有人、身邊的人或來到咖啡店的顧客寶貴的意見。感謝各位提供的意見，讓我完成意想不到的食譜。

烘焙良品 53

Café Lisette 經典甜點手札
邂逅最美味の洋菓子

....

作　　　者／鶴見　昂
譯　　　者／陳令嫻
發　行　人／詹慶和
總　編　輯／蔡麗玲
執　行　編　輯／李佳穎
編　　　輯／蔡毓玲・劉蕙寧・黃璟安・陳姿伶・白宜平
封　面　設　計／韓欣恬
美　術　編　輯／陳麗娜・周盈汝・翟秀美・韓欣恬
內　頁　排　版／韓欣恬
出　版　者／良品文化館
郵政劃撥帳號／18225950
戶　　　名／雅書堂文化事業有限公司
地　　　址／220新北市板橋區板新路206號3樓
電　子　信　箱／elegant.books@msa.hinet.net
電　　　話／(02)8952-4078
傳　　　真／(02)8952-4084
....
2016年3月初版一刷　定價350元
....
Cafe Lisetteのお菓子
© 2012 KADOKAWA CORPORATION ENTERBRAIN
All Rights Reserved.
First published in Japan in 2012 by KADOKAWA CORPORATION
ENTERBRAIN
Chinese translation rights arranged with KADOKAWA CORPORATION
ENTERBRAIN
through Creek and River Co., Ltd Tokyo.
....
總　經　銷／朝日文化事業有限公司
進退貨地址／235新北市中和市橋安街15巷1號7樓
電　　　話／02-2249-7714
傳　　　真／02-2249-8715
....

國家圖書館出版品預行編目(CIP)資料

Café Lisette經典甜點手札：邂逅最美味の洋菓子 /
鶴見　昂著；陳令嫻譯. -- 初版. -- 新北市：良品文
化館, 2016.03
　　面；　公分. -- (烘焙良品；53)
譯自：Cafe Lisetteのお菓子
ISBN 978-986-5724-67-2(平裝)

1.點心食譜

427.16　　　　　　　　　　　　　105001460

STAFF

攝　　　影／山本尚意
設　　　計／渡部浩美
造　　　型／平 真實
企劃、編輯／BonAppétit
　　　　　　（五十嵐友美、長井史枝）
協　　　助／岡本ひとみ
　　　　　　大島小都美（Café Lisette）
　　　　　　佐藤宏江（Café Lisette）
　　　　　　宮本 武

Café Lisette

Café Lisette

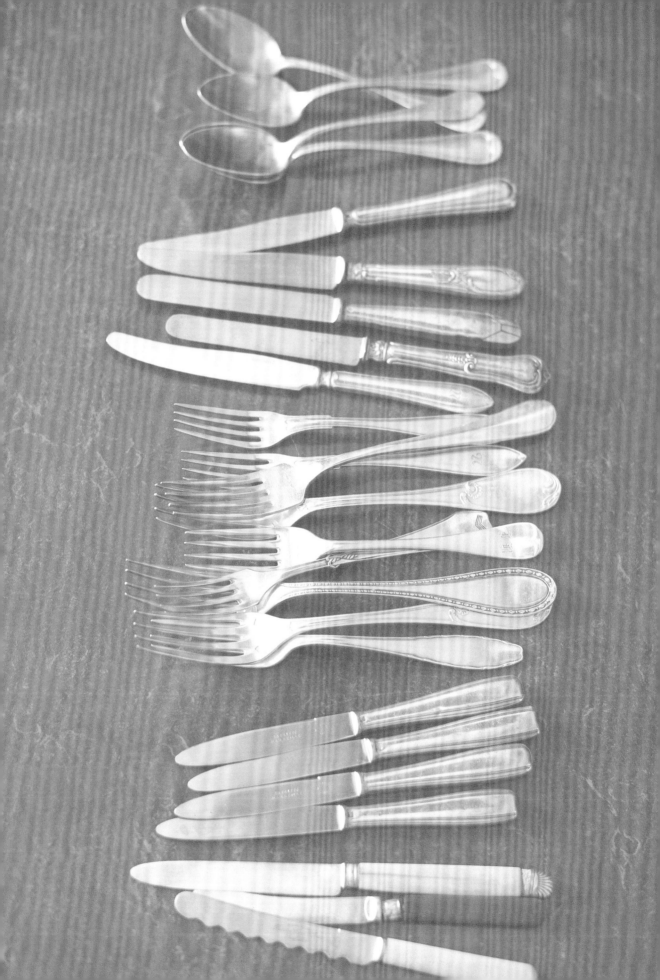